元・日本テレビ敏腕プロデューサーが明かす

勝つために9割捨てる仕事術

村上和彦

青春新書
INTELLIGENCE

勝つために9割捨てる仕事術

目　次

プロローグ　9割捨てれば仕事は一気に面白くなる　13

第1章 MISSION それは「いいともを倒せ」の一言から始まった
——仕事で一番大切な「使命(ミッション)」との向き合い方

第2章

STRATEGY

難攻不落の強敵《いいとも》の弱点、見つけたり

――一点で勝つための「戦略」の作り方

第3章

IDEA 見えなかった敵の後ろ姿をとらえる 101
——誰もが持っている「企画力」の鍛え方

編集協力／菅野　徹
DTP／エヌケイクルー

プロローグ

9割捨てれば仕事は一気に面白くなる

仕事は面白がったもん勝ち

この本のテーマは、「結果を出すための仕事術」だ。

もう少し具体的に言うと、あなたがライバル企業やライバルの同僚に勝てるようになり、仕事が面白くハッピーになるための方法論を紹介したものである。いやむしろ、あなたがいつもハッピーで、仕事を面白がってやっている結果、自然とライバルに勝っている、そんな状況を作るにはどうすればいいかについて書いていく。

この際、順番はどうでもいい。「仕事が面白い」、「ライバルに勝つ」、「あなたがハッピーになる」、この3つを同時に実現するということが大事なのだ。

しかし、私が「結果を出せる」とか「ライバルに勝てる」とどれほど騒いだところで、どんな成功体験をもとに語っているのかをお伝えしなければ、「いったい、あなた誰?」となるのは無理もない。

今回、「結果を出すための仕事術」というテーマを語るにあたってベースにしているのは、私が日本テレビ在職中に新番組『ヒルナンデス!』を立ち上げ、モンスター級の人気番組

『笑っていいとも！』を倒すまでの間に経験してきたことだ。

過去、さまざまな番組が『いいとも』に挑戦しては、「返り討ち」にあってきた。『ヒルナンデス！』は、それらの番組と何が違ったのか。強敵に勝つために、リーダーの私は何を考え、どう行動したのか……。

超低視聴率でスタートした新番組『ヒルナンデス！』が、ガリバー番組『いいとも』を放送終了に追い込んでいく過程を「実例教材」として紹介しながら、仕事で結果を出すための方法について語っていく。

意外に地道で泥臭いテレビ制作の仕事

「面白く仕事をやって、ライバルに勝ってハッピーになろう！」

なるほど、本書のテーマはわかった。しかし、テレビ制作者の語ることが一般ビジネスパーソンの参考になるのだろうか。『ヒルナンデス！』とか『いいとも』とか、自分たちにとっては遠い世界の話であって、ごく普通のビジネスにはまったく関係のない話じゃないか。

そんな人の語る仕事術が、役に立つのだろうか――。

ひょっとしたら、今あなたはそんな風に懐疑的になっているかもしれない。しかし、それはまったくの誤解だ。

テレビ局のビジネスモデルはとてもシンプルで、しかも明確な結果（勝敗）がすぐに明らかになる。そのため番組制作には、戦略作りや企画、チーム作り、マーケティングなど、ビジネス全般に活用できる仕事術が散りばめられている。意外と地道で泥臭い部分も多いため、きっと様々な職場、職種で参考になると思う。

そしてもうひとつ、どんなときも「面白さ」を追い求めているのがテレビマンというものだ。この本では、「面白いかどうか」という判断基準を、あらゆる仕事において活用しようという提案もしていく。

つまらない仕事も面白くする工夫

世の中は非常に複雑だ。嫌になるくらいのカオスである。

ただ、私たちの行動自体がどうかというと、それほど複雑でもない。一瞬一瞬で切り取れば、むしろ実にシンプルだ。つまり、「やる」、「やらない」を瞬時に判断することで生き続けているだけなのだ。食べるか食べないか。行くか行かないか。買うか買わないか。言うか言わないか……そんな風に、ふたつにひとつの選択肢から選び続けているだけだといえる。

選択する上での判断基準はたくさんある。そのうち、かなり重要なものに「面白い」「つまらない」という分岐がある。分けにくいものもあるけれど、私たちは瞬時にどちらなのかを感じ取って判別している。この分類基準は極めて主観的なものだといえる。

「スポーツ」と聞いて、「面白い」に分ける人もいれば、「つまらない」に分ける人もいる。人それぞれ、かなり鮮明に分かれる。

「仕事」もクッキリと分かれるかもしれない。「これこそ天職！」と、毎日面白がって働いている人にとっては「面白い」であろう。一方、オフタイムこそ我が人生という人にとって勤務時間は「我慢の時間帯」でしかないから、当然「つまらない」になる。

「面白いものも、つまらないものもある」という答えも多いだろう。

仕事をすることでハッピーになれるかどうか。それを決める要素はいくつかあるが、「面白さ」はとても重要だと思う。

もうひとつ、仕事がハッピーな存在であるかどうかを決める大きな要素がある。それは、

「勝ち」と「負け」だ。

自由市場で生きている限り、必ずライバル（商売敵《しょうばいがたき》）は存在する。勝ったり負けたりならまだいいが、いつも負けっぱなしでは収入が減り、存続が危ぶまれる。それではハッピーでいられるわけがない。

「ウィンウィン」とか「三方良し」というのは、顧客や社会との関係のことであり、ライバルとの関係に限れば、勝ったほうがハッピーに近づける。

私がこうしたことを意識するようになったのは、長きにわたってテレビ制作の現場で働いてきたのが大きいと思う。

多くの人にとってテレビは「面白いもの」だろう。ＳＮＳや動画サイトなどインターネットの普及により、テレビと人々の関わり合いは少しずつ変わってきているが、テレビに面白さを求めている人は現在も非常に多い。

当然、テレビ番組の制作に関わる人たちも、面白い番組を作ろうと日々努力をしている。視聴者が見て面白そうだと感じる映像は、それを面白がっているスタッフが作っているし、出演者も面白がっている（すくなくとも、そのように演じている）。

ある意味、テレビマンは「面白いこと」や「面白くすること」のプロフェッショナルであるから、自分の仕事も当然のように面白さを重視している。

しかしながら、世の中、そんなに面白いことばかりして生きていけるわけがない。テレビ番組にもいろいろあって、自分が本当にやりたいと思う番組作りばかりできるわけではない。大事なことは、面白い仕事をより面白くなるようにやり、つまらない仕事は少しでも面白がってやれるように、工夫をすることである。

世の中にあまたある自己啓発本の中には、「仕事を楽しくやるには」というテーマのものも多い。しかし、要約すると「そう思い込め！」、「成長って楽しいじゃん！」、「社会貢献こそ楽しさだ」、「楽しいったら楽しいの！」といったものだったりする。それらをすべて否定するつもりはないのだが、そういう「おまじない」は、1週間ほどしか効かないのではないかと率直に思う。

結果を出すためのキーワードは「一点突破」

では、仕事を楽しくする最大の要素とは何か。それは「ミッション達成」だ。期待された使命をクリアすることが成功体験となる。特に本書で力点を置いているのは、リーダー、ことにプロジェクトリーダーと呼ばれる「ある任務の達成を期待されたリーダー」がいかに成果を出すか、その方法論だ。

なぜ、そこにアクセントを置いたか。仕事がハッピーでなくなるひとつのきっかけとして、リーダーになるタイミングというのがあるからだ。

まだキャリアが浅いときは、新しいことを覚えながら、自分自身の成長を感じることができる。多少の個人差はあるだろうが、そんな時期はすべてのことが素直に「面白い」と思えるものだ。

しかし、プロジェクトリーダーになると、そうとばかりは言っていられない。結果を出さなければならないプレッシャーを受けつつ、さまざまなプランニングをしてタイムスケジュールを管理し、部下の育成や人間関係にも気を配らなくてはならない。仕事を面白がっている余裕がなくなってくる。

逆に言えば、プロジェクトリーダーがその仕事を面白がってやっているようであれば、そのプロジェクトは順調に進んでいるに違いない。

はじめは小さいプロジェクトで小さな成功を体験し、少しずつ大きなプロジェクトを率いるリーダーになっていく。このプロセスが大事だ。

そのためのコツが、本書のキーワード「一点突破」である。

「一点突破」は、戦争における攻撃のセオリーのひとつ。あちこちをばらばらと攻めるのではなく、ここというポイントを重点的に攻めることをいう。そこさえ奪ってしまえばその後が圧倒的に有利になるという場所や、相手の弱点などに戦力を集中し、分厚い攻撃をしかける。「蟻《あり》の一穴天下の破れ」も似た意味の言葉だ。そして一点突破とは、言葉を変えれば「9割は捨てる」ということである。

詳しい説明は後回しにして、大切なことを先に述べる。

プロジェクトリーダーが、成功の秘訣である「一点突破」を実行するには、次の4つのステップで進むのがいい。

【一点突破4ステップ】

①「ミッション咀嚼」…………使命をよく理解し、ブレない達成目標を作る

②「障壁をイメージする」……何が達成の妨げになるかを重ねて問いかける

③「視点を変える」……………顧客やライバルなど違う立場から考えてみる

④「戦略を絞り込む」…………一点に集中し、達成まで攻め続ける

この本ではリーダーが直面するさまざまな課題について、この「一点突破4ステップ」を活用して解決する方法を紹介していく。たびたび登場し、それぞれがどんな意味を持つのかを解説していくので、ぜひ楽しみにしておいてほしい。

どんな強敵〈ライバル〉にも勝ち方はある

当然のことながら、テレビ番組制作という仕事にも予算もあれば時間的な制約もある。利益を出せなければ経営判断でプロジェクトは打ち切りになる。そうならないように、顧客のニーズをしっかり探り当て、狙いを定めるべくプランニングして、専門的な技術を持った「職人」たちに作業を割り振る。その技術はこつこつと経験を重ねることで磨いてきたものだ。こうしてパーツを組み上げるようにして番組を作っていく。形ができ上がったあとも厳しい目で品質管理を徹底し、トライ&エラーを繰り返しながら顧客満足や市場シェアの向上を図っていく。

実際のテレビ番組の制作工程がどのようなものかは追って触れるが、やっていること自体は、どの仕事にも共通する地道なものだということをお伝えしたい。

あえて特殊なところを挙げるなら、競争が非常に激しく、その結果がすぐに表れて、衆目にさらされることだ。

戦いの結果は、詳細なデータとなって翌朝には届く。その「毎分個人視聴率」は、毎分、00秒時点の視聴率（性別・年代別）がグラフで表示されている。

この数字をスポンサー企業も注視しているから、ダイレクトに売上（広告料）に反映する。常に勝ち負けで判断されるのだから、なかなか厳しい世界だ。

だからこそ、「勝つこと」を強く意識する環境であるのは間違いない。その中でリーダーがどのように考え、どう行動するか。どうやってアイデアを生み出して、どのようにチームを運営していくか。私なりに培ってきた「勝ち方」には、他の業界の方にも共感してもらえることがきっとあると思っている。

絶対にかなわないと思うような強敵に立ち向かい、逆転するには、どうしたらいいか。知っているのと知らないのとでは大違い。やるとやらぬとでは天国と地獄の違いがある。そんな9割捨てても勝つ「一点突破の世界」へと早速、誘おう。

MISSION

第1章

それは「いいともを倒せ」の一言から始まった

――仕事で一番大切な「使命（ミッション）」との向き合い方

〈ヒルナンデス戦記①〉使命（ミッション）は「『いいとも』を倒せ」

『いいとも』に勝てる番組を作ってくれ――。

すべてはこの一言から始まった。

2010年夏、当時私は日本テレビ入社23年目。その間、ずっと番組制作の現場にいた。さすがにそれだけ長きにわたって制作現場にいると、難しい仕事を任されることが増えてきたし、そんな状況でも「それなりの結果」が期待されているという自覚はあった。だから編成局幹部からの呼び出しに、ただならぬ気配を感じていた。しかしながら、その言葉は想像の上を行っていた。

当時、日テレが昼に放送していた『DON!』を翌年3月に終了させ、その代わりに『いいとも』を倒すという使命を帯びた新番組をスタートする。そのプロジェクトを水面下で進行するにあたり、現場のトップたる「総合演出」として私を指名するというのがその趣旨だった。

テレビ局における番組制作者の役職は、局ごとに違いもあり、少々わかりにくいかもしれない。日本テレビの場合は、現場を取り仕切る演出（ディレクター）と、管理業務全体を司り演出を補助《バックアップ》するプロデューサーが両輪となって番組を作っている。月曜から金曜まで同じ時間帯に放送される帯番組のようにスタッフの規模が大きくなる場合には、演出も複数いるため、「総合演出」が現場のトップになる。同様にプロデューサーについては、チーフプロデューサーが取りまとめる。プロ野球チームでいえば、現場のトップである監督に相当するのが総合演出で、背広組トップの球団代表（チームによっては球団社長、本部長、GMなど）に相当するのがチーフプロデューサーだと考えるとわかりやすいか。

新番組の総合演出に就任して『いいとも』を倒せ——。

『いいとも』とは、もちろんフジテレビ昼の看板番組『森田一義アワー　笑っていいとも！』のことだ。1982年10月にスタートして以来、人気番組として君臨していたのはご存知のとおり。しかしスタートから28年を経て、さすがの『いいとも』にも「金属疲労」が顕著になった頃でもあった。今が攻め時、一気に攻略して番組終了まで追い込めというのが上層部の考える「倒せ」だと認識した。

「ありがたいお話ですが、それはなかなか難しいミッションですよね……」

私は、あまりに大きな話に直面して、まるで戸惑っているようなリアクションをした。

でも本当は、そう言いながらも頭の中はフル回転していた。

（面白い！）この時、すでに私の思考は戦闘スイッチが入っていた。

まず、今のテレビ業界でこれ以上エキサイティングな仕事など探したってなかなかないだろう。この指名を受けたというのは、掛け値なしで名誉なことだし、やりがいがある。もう、断るという選択肢は私にはなかった。

人事案は、経営陣、それもトップに近い部分の肝いりで進められているらしい。それならば、チームの構成、特にチーフプロデューサーや脇を固めるディレクター陣には私の希望をある程度聞き入れてもらえるだろう。

しかし……だ。タモリさんの司会力、レギュラーに名を連ねる出演タレントの豪華さ、完成された番組特有の安定感、すっかり定着しているスポンサー……どっからどう見ても相手は手強い。今までほかの局がどんな番組で挑んでも牙城を崩せなかった。それどころかビクともしなかった怪物番組だ。

しかし、相手の強みにこそ弱点が同居している――。この時、私の中ではプランの核となる部分が芽生えていた。

（勝算は……、ある）

「わかりました。やらせてください」

こうして私にとって一世一代の大戦《おおいくさ》が始まったのだった。

高視聴率だった『おもいッきりテレビ』が終了せざるを得なかった理由

結果を出せるリーダーにとって最も大切なのは、「ミッションとの向き合い方だ。

「結果を出す」とは、期待された使命を常に見失うことなく、成し遂げることである。

名言風に言ってみたが、そんなの当たり前すぎると思われたかもしれない。

「結果を出す」イコール「期待された使命（ミッション）を達成すること」なわけだから、よそ見をせずに対峙《たいじ》するなどというのは当たり前の前提条件にすぎない……と。

それはそのとおりなのだが、そのことが世間一般であまり実践されていないのも事実だ。

そもそも、後半の「成し遂げる」が実に難しい。難しいからこそ、あらためて使命として与えられ、その達成を強く期待されているのだ。

ミッションの語源は、キリスト教を世界中に布教しようとした使節団に由来する。見知らぬ大陸や島々を目指して航海に出て、言葉の通じない人にまで信仰させようというのだから、困難に決まっている。

企業においてプロジェクトチームが作られるのも、会社の経営に影響を与えるような特別な事情があるからであり、たいていの場合、そこには困難がつきまとう。

前半の「期待された使命を常に見失うことなく」の部分もそんなに簡単なことではない。達成が困難であるばかりに、いつの間にか使命を見失ったり、方向性が変わったりしてしまうことは意外なほどよくあることだ。

その例として、『いいとも』と同時間帯に日本テレビで放送された『午後は○○おもいッきりテレビ』と『おもいッきりＤＯＮ！』の話を紹介したい。

『おもいッきりテレビ』は、１９８９年にみのもんたさんが2代目のＭＣとなってから快進撃を見せた昼の情報バラエティ番組だ。みのさん独特の「お嬢さん、どう思います？」と語りかけるテキヤ的な話術と、さまざまな人気コーナーで１９９０年代前半には視聴率で『いいとも』を圧倒するほどだった。

この番組には「発明」とも言うべき特色があった。それは、徹底的に高齢者をターゲットにした価値を提供したことだ。

平日の12～14時、テレビを見ている人は高齢者が多い。これを食べれば健康になれるという情報が定番コーナーとして人気になった。番組で取り上げた食材が売れすぎてスーパーの売場から消えてしまうのが社会現象となった。

「ちょっと聞いてョ！おもいッきり生電話」という人生相談のコーナーでは親身になって相談者を叱りつけて、会場の「お嬢さん」（高齢女性をみのさんはそう呼ぶ）たちを泣かせた。暦や行事の紹介や、同じ日付にあった過去の出来事など、ちょっとしたうんちくを集めた短いＶＴＲ、「きょうは何の日」も人気コーナーだった。

しかし、そんなに高視聴率の『おもいッきりテレビ』でも、テレビ業界ならではの理由で終了せざるを得なかった。その人気があまりにも高齢女性に偏りすぎてしまったのだ。

視聴率が10％を超えていたとしても、それを見ているのが70代以上の女性ばかりだったとしたら、ＣＭの売上額が伸び悩むという現象が起きる。

意外と知られていないようだが、ＣＭの単価というのは変動する。ＣＭ放映を希望する企業が多いと、ＣＭの単価が競り上がっていくのだ。

では、高齢女性に大人気の番組なら、やはりＣＭ放映を希望する企業がたくさん集まってＣＭ単価が高騰しそうなものだが、現実はまったく逆だ。

高齢女性の消費特性として（20年前はなおのこと）、家計を堅く管理して、無駄遣いをしないというのがある。そして、新商品には簡単に飛びつかない。買うものは、長年の経験から信頼しているブランドに決めているのでＣＭで左右されることもない。つまり、ＣＭを見ても財布の紐が緩まない傾向があるといえる。

もちろん高齢女性向けでも一定の宣伝効果が見込めると判断した企業が集まるには集まるが、その効果の低さを背景にＣＭの単価は安値で安定してしまう。

番組で取り上げた健康食材を喜んで買いに行く行動と矛盾しているように思うかもしれないが、健康食材は毎日の買い物の範囲内のことであり、無駄遣いではない。それに、あくまでも損得勘定とは関係がないという立場をとっているみのさんが推薦したから買うのであって、ＣＭに反応した結果ではない。

過去の成功体験はあえて捨てる

ここであらためて「視聴率」について解説したい。一般的に「視聴率」と呼ばれているものは、正式にはビデオリサーチ社の調査による「世帯視聴率」のことをいい、全世帯のうち何％の世帯で視聴されているかを表した指標のことだ。紅白歌合戦の視聴率、サッカー日本代表戦の視聴率など、ニュースなどで時々話題になる。

しかし、スポンサー企業や広告代理店など広告業界の人々は、現在この数字をあまり重視していないのが実情だ。今、番組を評価するための重要な指標として使われているのは「個人視聴率」だ。これは、性別・年代別に何％の人が視聴したかを表している。どのような視聴者に支持されているかを把握した上で、効果的にＣＭを放送することができる。

野球の投手に例えれば、世帯視聴率がスピードガンの球速表示で、個人視聴率が防御率。どんなに速い球を投げられても、実際に打者を打ち取れなければ、あまり意味のある数字ではないのだ。

ということで、高視聴率を記録しても、テレビ局的にはあまり利益に結びつかなかった『おもいッきりテレビ』。こうして高齢女性の人気番組は、終了したのだった。

それに代わって始まった新番組『おもいッきりＤＯＮ！』は、ＭＣにみのもんたさんより23歳も若い中山秀征さんを起用した。そこには視聴者の年代を20歳も30歳も引き下げたいという願いが込められていた。『ＤＯＮ！』のミッションはズバリ、20～40代女性の視聴率を上げることだった。

しかし、業界では帯番組が視聴者の習慣を変えるのは、なかなか難しいというのが常識になっている。意識しないで行動することを、「ご飯を食べるように」とか「歯を磨くように」などというが、帯番組にも同じようなことがいえる。特に「見たい」「見よう」という意識もなく、昼食を食べながら、あるいは家事をしながら、なんとなくいつもと同じようにテレビをつけっぱなしにしておく。無意識だからこそ、変えるのは難しい。

だから新番組が始まったからといって、視聴者の意識は以前と変わるわけではない。それを覚悟の上で、長期的な戦いをしなくてはいけない。

ただ、『DON!』は過去を捨てきれなかった。番組名に『おもいッきり』を残したのは、これまで見てくれていた層を意識してのことだろうが、新たな視聴者を獲得するにはかえって妨げになった。

また、制作スタッフは『おもいッきりテレビ』のスタッフが引き続き担当し、「きょうは何の日」など、いくつかのコーナーはまったく変わらずにそのまま継続された。

ミッションは若い主婦層の視聴率をアップさせることだったはずが、その成果を出すのは難しいという現実を前に、結局は過去のスタイルを踏襲してしまう。看板とMCを代えたけれど、やっていること自体は変わらない。

しかも、若い主婦層を多少でも意識すれば、高齢女性の視聴者にとっては違和感を与えることになり、旧来の視聴者が少しずつ離れていく。

スタッフにしてみれば、高視聴率だった番組が「支持基盤」を失い、さらに新たなターゲットを獲得することもできないことに苛立ちが募る――。

ここでもっとも重要なポイントは、「視聴者を若い年代に変える」というミッション達成への道筋が不明瞭だったことにある。特に過去の成功体験があると、すべてのことがいつの間にかそちらに引っ張られてしまう。たとえ世の中が変化して、求められるものが変わっていても、過去のやり方にすがってしまうのが人の常というものだ。

そのほかにも、『ＤＯＮ！』の放送終了は、ミッションの理解、問題がどこにあるかという本質の見極め、顧客（視聴者）の視点、戦略の選択など、複数の要素が上手く噛み合っていなかったからだといえるだろう。

リーダーが持っているべき一番の資質

ミッションに正面から対峙し続けるのは難しいことだが、それを支えるのはリーダーの闘志だ。私の場合も、誰もが知っている長寿番組の『いいとも』を倒せというミッションを与えられて、闘志に火が点いた。

ミッションというものはそもそも達成が難しく、奮闘努力の結果として勝ち取るものだ。だから、「勝つ」というマインドを粘り強く持ち続けなくてはならないのは当たり前の理屈であり、別に根性論を振りかざすつもりもない。

ライバルに勝つというミッションほどわかりやすくなくても、数値目標の達成にしても、商品企画のプランニングにしても、建造物の完成にしても、プロジェクトを成功に導くには、闘志が続かなければならない。そうでなければ、困難を乗り越えることはできない。スポーツで培ったド根性であったり、コンプレックスをバネにした反骨心であったり、感謝を表現したいという気持ちであったり、闘志の種類はさまざまだが、どれであっても、それを持ち続けることの尊さは変わらない。

残念ながら、皆さんの周辺にも「闘志なきリーダー」がいると思う。そんなリーダーの行動パターンは、(1)ひたすら他者のせいにして責任から逃げる、(2)その場しのぎのごまかしに走る、(3)ミッション達成を諦めて勝手に別のゴールを作る、といったものではないだろうか。

その例としてふさわしいかどうか難しいところではあるが、2003年、日本テレビ朝の情報番組『ザ！情報ツウ』を放送していた頃のことを思い出す。

私は番組開始から1年ほど経ったあと、2代目の総合演出として現場の指揮を執ることになったのだが、新番組の総合演出が1年で交代となるのは、あまりよくある話ではない。

しかし、結果がすぐに出るのがテレビ業界であり、経営判断は早い。まあ多くを語ることはしないが、会社上層部としては現場リーダーの交代が必要と判断したのだった。

そのときに私が感じたことを端的に表現すれば、リーダーにとって大事なことは第一に「ミッションを達成するために努力すること」であり、そこが欠けていればどれだけ理論武装しようとも、リーダーとしての求心力は保てないということだ。

さてここからは一般論であるが、世間を見ていると、「闘志なきリーダー」は、珍しくないようだ。

企業などの組織に総合職として採用されれば、ある一定の修業期間ののちにリーダーになることを期待される。リーダーが持っていたほうが望ましい資質には、統率力、責任感、行動力、思いやり、思慮深さ、注意力、コミュニケーションスキルなどいろいろあるが、そのうちのいくつかが目につけば、任命者もリーダー役を務めてくれるだろうと安心してしまうだろう。

しかし残念ながら、ミッションに立ち向かえない「闘志なきリーダー」が一定数いるのだ。任命者は、そこまで見抜けないのかもしれない。

逆に言えば、俗に「リーダーの資質」と呼ばれるさまざまな要素は「後回し」で構わない。初めのうちは資質が不十分でも、大小さまざまな失敗をしながら、成長していくというのが誰もが通る道であるし、足りなければメンバーみんなで補うこともできるだろう。

〈ヒルナンデス戦記②〉ミッションを自分なりに「咀嚼」する

日本テレビ平日昼の帯番組『DON!』に代わる新番組。その極秘プロジェクトは静かにスタートした。

よく考えてみると「『いいとも』を倒せ」というミッションは、いささか乱暴だ。実際にそう言われただけで、「倒す」というのがどういう状況であり、いつまでに倒せという期日の指定も特になかった。ただ、それをあえて明確にしなかったのは、局の上層部の人たちも私も同じイメージを共有していたからだと思う。

まず「『いいとも』を倒せ」とは、先述のとおり、『いいとも』を終わらせろということだと理解した。世帯視聴率で追い抜くというような生易しいものでないことは考えなくてもわかる。なぜなら、すでにプロジェクトスタート時点で、『いいとも』は世帯視聴率的には王者と言えなかった。先にも触れたが、『おもいッきりテレビ』が上位にいたこともあったし、この当時、ＴＢＳ『ひるおび！』やテレビ朝日『ワイド！スクランブル』が世帯視聴率で『いいとも』の上を記録することも珍しくなかったからだ。

しかし、若い主婦層の視聴率で見ると『いいとも』が依然としてダントツのままだった。ＴＢＳやテレビ朝日がどういう考え方をしていたか。おそらく、キラキラ輝くスターがたくさん出演している『いいとも』とまともに戦うより、視聴者の絶対数が断然多い高齢者層に支持される番組で勝負しようということなのだろう。

しかし、私たちは高齢者層を取り込んだところで、『いいとも』を王座から引きずり下ろすことはできないと知っている。

どういうことか。『いいとも』の強さとは、すなわちＣＭ売上額が他の追随を許さないほど大きいことだ。大きな広告予算を持つ、ファッション、食品、化粧品、スマートフォン、軽自動車……といったスポンサー企業が『いいとも』でＣＭを放映することを希望し、単価が競り上がっていく。収入があるから、豪華な出演者にギャラが支払える。出演者が人気者だから視聴率が安定している。そんな好循環が『いいとも』の強さだ。

そして、スポンサー企業が重視しているのが、20～40代の主婦層の視聴率だ。彼女たちは、無駄遣いをしない高齢者とは違い、ＣＭで紹介された新製品に興味を持ち、時には衝動買いもする。ＣＭに影響されて買ってくれる若い主婦層をガッチリ握っている限り、たとえ世帯視聴率で順位を下げたとしても『いいとも』はＣＭ売上高でダントツをキープしたままだ。

そうした現状を業界の常識として共有していたから、あえて確認しなくても、「『いいとも』を倒せ」が、『いいとも』に集中しているＣＭ売上を奪えということであり、それは当然『いいとも』を終了に追い込めということだと理解した。私はこのようにミッションを「咀嚼」したのだ。

そのためのタイムリミットは、放送開始から1年間だろう。改編のタイミングは半年ごとだが、いくらなんでも6カ月では短すぎる。しかし、1年の間に確たる成果を得なくては打ち切りもあるかもしれない。覚悟を決めて、具体的なプランニングに入った。

プロジェクトの成功はミッションの理解度と比例する

プロジェクトリーダーがどこまでミッションを深く理解しているかによって、達成の可能性の度合いが変わってくる。ことに、経営的な価値をわかっておくことは重要だ。

多くの場合、プロジェクトリーダーは、中間管理職が担う役目だ。小規模な企業であれば、経営中枢のトップリーダー自らが兼任することもあるかもしれないが、普通は経営サイドが現場メンバーの中から人選し、任命するものだ。

だからミッションもリーダー自身が考え出したものではなく、経営サイドから「これをやれ！」と与えられるものだ。

自分の若い頃を思い出しても、会社の経営側が考えることと、自分が現場で日々考えていることが一致しないということはたびたびあった。つまり、経営側から与えられるミッションは、いつでもすぐにストンと腹に落ちるものばかりではないのだ。

しかし、「まったく、会社はわかってねえなあ……」と、ミッションに背を向けながら、適当に仕事にかかるというのは最悪の対応だ。まずは経営戦略を理解できるよう努めなくてはならない。

現場の感覚と経営サイドの感覚が乖離《かいり》して、理解し合えなくなりがちなのは、次のような場合だ。

例えば、現場でハードな労働をしている立場と、それを管理する側の立場の違いにギャップが大きいケース。「やるのはこっちだぞ!」と感情的になりやすい。

また、自分が担当しているセクションが、全社的な戦略の中でどのような位置づけにあるかが見えにくいと、使命を素直に受け取れなくなる。例えば、全社の方向性として「既存客をキープする」としているのに、あるチームにだけは「新チャネル開拓の準備」のために大きな先行投資が計画されたとなると、その位置づけを内外にしっかり説明しないと感情的な齟齬《そご》が生じる。

掲げられた数値目標の持つ意味も誤解を招きやすい。特に経営側が実現不可能な数字ばかりを掲げていると、誰も目標に責任を持たなくなってしまう。納得できていない数字は心に響かないからだ。

長期的なビジョンとの関連性を説明してもらわなければ理解できないという短期目標もあるだろう。疑問を感じる場合は、解消するまでコミュニケーションをとるべきである。

さて、ミッションを深く理解しようと努めたけれど、結果としてやっぱり納得できない、やりがいを見いだせないということもあり得る。

例えば、現場にいるからこそ知り得た最新の情報などがあって、経営側のプランに問題点を発見した場合などは、意見を述べて再検討を求めるべきだろう。

そんなレベルですらなく、どうしようもないミッションである場合も、やっぱり意見を言わないとダメだろう。世の中には「バカ殿」が支配している会社がないとは言えないからだ。

条件交渉も大事な仕事の一つ

話し合いといえば、リーダーに任命されるタイミングで、場合によっては任命者との間で条件交渉をする必要もあるだろう。

困難なミッションに立ち向かうからには、任命者側からも最大限のバックアップをしてほしい。

まず、予算面や設備面についての確認だ。難しいミッションに立ち向かうというのに、鉄砲も弾丸も持たせてくれないのでは話にならない。例えば販売に関するミッションであれば、キャンペーンに予定している予算なども確認しておきたい。とにかく、考えられる限りの物質的なサポートをダメ元でもお願いしていい。

そして人の面だ。プロジェクトチームはどのようなメンバーで構成されるのか、自分の希望を聞き入れる余地はあるのか。臨時のサポート人員が必要であれば、その手配が可能かなど、こちらもダメ元で頼みたい。お願いごとは、就任受諾前のこのタイミングが最適だからだ。

仕事は「ゲーム化」できるともっと面白くなる

自分のフィーリングにハマらない仕事こそ、「面白がり力」の使いどころだ。

ということで、ミッションの理解に努め、なんとか「納得」にたどり着いたものの、魂が燃えてこない仕事というのはたくさんある。好きなタイプのプロジェクトもあるが、大多数はそうでないタイプのプロジェクトだ。人間誰でも好き嫌いはある。

私の場合は、「公共の電波を使って、ひっそりといたずらをする」だとか、「なんじゃこの番組、クッソくだらねえ！　しかも何の役にも立たねえ！　と言われたい」という願望があって、それが許されるシチュエーションだと異常に燃える。深夜番組として制作した『三行広告探偵社』、『ブラックワイドショー』などがまさにそうで、これらをやっていたときの私こそが、「本来やりたいことをやっている私」である。

とはいえ、社会人として、日本テレビ社員として、そんなことばかりできるはずもなく、王道の番組をいくつも担当した。

しかし、魂が燃えないとか、気乗りがしないという理由で、ミッションへの対峙の仕方がゆるくなるなどということはプロフェッショナルとして許されない。ぶっちゃけつまらない仕事をとことん面白くやる。「面白がり力」が試される局面だ。

私は仕事をゲームだと思うことにしている。これからどんなゲームをやるのか。クリアの条件はなんなのか。達成感とともにエンディングにたどり着いて完全勝利の喜びを味わうためには、どんな勝ち方をすればいいのか、それを決めるのだ。

もしも達成がそれほど難しくないミッションであれば、自分でクリア条件に縛りを設定する。制限時間をより短くしたり、設定数値をもっと厳しくしてみたり。そして、そのゲームをあっさりクリアして、心の中で「やったぜ！」と叫ぶ。

誰しも自分の心を誘導するために工夫しているとは思うのだが、大事なのは少しでも面白がってやれるように持っていくことだと思う。本来なら乗らないタイプの仕事でも、いつの間にかノリノリで楽しんでやっているということもある。

どんなに苦しい状況でも、自分なりの「やったぜ！」を設定することで面白がることができる。

「ゲーム」などというと、「仕事は遊びじゃない」と目くじらを立てる人もいるかもしれない。まあ確かにテレビの世界は娯楽という面が強いので、遊び感覚を持ち出しても怒り出す人はさほどいないのだが（中にはいる）、どんな業界のどんな仕事であろうとも、この「ゲーム化」によって面白がる手法を使わないのはもったいない。

現在のビジネスの起源をずっとさかのぼっていけば、原始時代の「狩り」にたどりつく。生きるか死ぬかの戦いのなれの果てがビジネスだ。スポーツやゲームも同じルーツを持つ。

だから、「勝ち負け」にとことんこだわったほうが単純に燃える。きっとアドレナリンの分泌増加とか、そういう科学的な証明もあるはずだ。

STRATEGY

第2章

難攻不落の強敵《いいとも》の弱点、見つけたり

——一点で勝つための「戦略」の作り方

〈ヒルナンデス戦記③〉視聴者の9割をいったん捨てる

『いいとも』が王者として君臨できた理由、それは20〜40代主婦層に不動の人気をほこっていたことにある。『DON!』を含むライバルたちの視聴者層は高齢者が多いため、CM市場では『いいとも』ひとり勝ちが続いていた。その状況を変えて、新番組は20〜40代主婦層の取り合いで『いいとも』と真っ向勝負をする。そして、CM売上で『いいとも』に勝利する。これが私の考える戦い方だった。

この「20〜40代主婦層」のことを、テレビ業界、広告業界では、F1・F2と呼ぶ。

1文字目のアルファベット「F（Female＝女性）」または「M（Male＝男性）」で性別を表し、2文字目の数字「1（20〜34歳）」、「2（35〜49歳）」、「3（50歳以上）」のいずれかで世代を表している。すべてのセグメントを整理すると次のとおりだ（性別・年代別ごとの特徴と消費傾向については後述する）。

C………12歳以下

T……13〜19歳
F1……20〜34歳の女性
F2……35〜49歳の女性
F3……50歳以上の女性
M1……20〜34歳の男性
M2……35〜49歳の男性
M3……50歳以上の男性

今度こそ、『DON!』の結果を教訓として生かして、それを乗り越えなくてはいけない。せっかく高視聴率の『おもいッきりテレビ』を終わらせてまで『DON!』をスタートさせ、視聴者の年代を下げにいったが、その狙いは外れてしまった。絶対に同じ轍《てつ》を踏むわけにはいかない。

F1とF2だけにウケる番組を作る。徹底してやる。

そのために、私がこのミッションを引き受けたときから決めていたことがいくつかある。まずは、現行の『DON!』の視聴者をすべて捨てること。20代を中心としたF1層と、

60~70代が中心のF3とでは趣味嗜好がまったく異なる。というより、70代の女性が好むことを、20代の女性は積極的に避けるのだ。だから、幅広くウケようなどということは一切思わずに、「過去の成功」を捨て去り、若い女性だけが好む番組にしていくしかない。『おもいッきりテレビ』の時には、視聴者の9割はF3だった。その「9割」を一回捨てなければミッションは達成できないのだ。

それを徹底するために、『DON!』の制作スタッフを大幅に入れ替えると心に決めていた。もちろん委託制作会社（外部スタッフ）との関係もあり、全人員をチェンジすることはできないが、それでも踏み絵を踏んでもらうかのように、若い女性の感性に迫る努力だけは絶対に求めると決めていた。必ずしもすべての人事権を任されていたわけではないが、そこは徹底をお願いしたのだ。

そして、私がこれまでの経験から得たすべての知識と技術を注ぎ込んで、F1・F2の人気を取りに行くことを心に決めた。そのイメージはだいたい浮かんでいた。だから、厳しい戦いではあるが、「何かが起こる」という予感めいたものはあった。

2010年9月、いよいよ極秘プロジェクトが動き始めた。上層部にはある程度私の希望を汲んでもらい、社内各所から主要メンバーが集められたのだ。それは、精鋭たちと呼ぶにふさわしい猛者揃《もさぞろ》いだった。

＊

さっそくメンバーたちとのコンセプトワークからスタートする。目指す方向性をすり合わせていった。

『いいとも』からF1・F2を切り崩せる番組とは、どんなものか。メンバーとのディスカッションでイメージを膨らませながら少しずつベースプランを固めていった。

『いいとも』は王道を行くバラエティ番組。新番組はその部分で真っ向勝負をして、F1・F2を奪い取らなければいけない。ただし、バラエティ1本では旗色が悪い。何しろ『いいとも』には、笑福亭鶴瓶さんや中居正広さん、爆笑問題のように、ゴールデンタイムに自身がメインの「冠番組」を持つタレントが揃っている。バラエティだけで『いいとも』に勝つのは至難の業だ。

そこで私が打ち出した基本コンセプトが「情報バラエティ」だった。主婦層の関心が高いグルメ、ファッション、エンターテインメント、ショッピング、レジャー施設といった情報を、タレントによるロケで伝えていくスタイルだ。

イメージとしてあったのは土曜の午前中から放送しているTBSの『王様のブランチ』。

長年続く人気番組だが、なぜか平日の昼にそのスタイルを持ち込む番組が過去にもなかったのだ。

『いいとも』のライバル番組たちは、あえて「高齢者に選ばれる番組」をコンセプトに棲み分けを図った。そのため『いいとも』は安泰のように見える。しかし、さすがに開始から30年近く過ぎて、視聴習慣のあるコアな視聴者たちも高年齢化してきている。『いいとも』スタート時に20歳だった女性は、すでに50歳になっているのだ。

日テレの新番組が明確にF1・F2向けの情報提供に特化した番組を繰り出せば、チャンスは大いにあるはずだ。

独自性を出すために、スタジオで生放送を終えたレギュラー出演者に、そのままロケに出てもらうことにした。

ロケVTRを流すスタイルの番組も多いが、だいたいは、スタジオはスタジオ担当、ロケはロケ担当とタレントを分けることが多い。でも、曜日出演者がみんなでロケに行って、そのVTRをスタジオでみんな揃って見ることで、出演者たちのリアルなリアクションから、和気あいあいとした雰囲気が伝わるのではないかという狙いがあった。F1・F2の特徴は、共感力の強さ。きっと楽しい気分を共有してもらえるはずだ。

極秘プロジェクト内での合意を得て、少しずつ基本的なコンセプトが固まっていった。

そうなると、次の最大の関心事は番組の顔、ＭＣの人選だ。誰をＭＣにするかによって新番組の成否が決まることもある。

認知度が高く、Ｆ１・Ｆ２から好印象をもって迎えられる爽やかさがあり、曜日ごとに毎日替わる出演者を束ねる経験と実力の持ち主。はたしてそんな人がいるのだろうか。

白羽の矢が立ったのが、ナンチャンこと南原清隆さんだった。

キャリアと認知度は申し分ない。40代半ばになり、肩に力の入らない落ち着き。きっと素敵な大人として受け入れられるに違いない。爽やかな笑顔は番組のコンセプトにもぴったり合う気がした。

制作局と編成局の幹部にも極秘のうちに了承をもらい、正式に出演依頼を行ったところ快諾してもらえた。

クリア可能な戦略に落とし込む質問法

私がこの章で取り上げたいのは、ミッションを達成するための「戦略作り」についてである。

結論から言うと、ミッションに対してさまざまな角度から検討することで、おのずと戦略が浮かび上がるというものだ。そこで役に立つのが、プロローグで紹介した「一点突破4ステップ」の②〜④だ。

②「障壁をイメージする」……何が達成の妨げになるかを重ねて問いかける

これは、どうすればミッション達成が確実になるかという観点でさまざまな問いかけ（シミュレーション）を行い、その方法を限定していくステップだ。

コツは、プロジェクトが失敗するというネガティブな予測を立ててみること。そのネガティブ・シミュレーションによる「失敗の原因」を徹底的に問いかけ、洗い出すことだ。そうすることによって失敗の原因を事前に排除して、成功の確率が高い方法を導き出すことができる。

シミュレーション上で「なぜチャレンジは失敗したのか」、「なぜ勝てなかったのか」という問いかけから始まり、その理由をどんどん深く掘り下げていく。なぜ達成が困難なのか。それを乗り越えていく材料があるのかを明らかにし、ミッションクリアとは実のところなんなのかという本質へと迫っていく。

失敗は本当に避けられなかったのか。なんとなくそう感じるけれど、実際に見てみたら、触ってみたら、会ってみたら、思っていたのと違うということはないのか。では、なぜどうにもならないのか。障害になっているのはなんなのか。それを取り除く方法はないのか。なぜそれができないのか。そもそも、なぜその問題にこだわるのか。何か代わりになるものはないのか――。

こうして、「なぜ?」「どうして?」「ほかには?」と繰り返して問いかけることで、問題の本質に近づき、課題解決のヒントを探っていく。

「『いいとも』を倒せ」というミッションを例にこのステップを実施してみる。

――なぜ、『いいとも』を倒せなかった（終わらせられなかった）のか?

『いいとも』の利益の源泉となっているCM売上を奪えなかったから。

――なぜ、CM売上を奪えなかったのか?

F１・F２の視聴率が上がらなかったから。

――なぜ、F１・F２は新番組を見てくれなかったのか?

新しいことに好奇心旺盛なF１・F２だから、少しは見てくれた。しかし、瞬間的に「つまらない」、「ダサい」、「かわいくない」と判断されチャンネルを替えられてしまい、『いいとも』から奪うまではいかなかった。

――F1・F2が昼のテレビで「つまらない」と感じる要素は何か？

自分の生活とはあまり関係がない話題、難しいニュースなど、興味のないネタを取り上げている。昼食どきに暗くなる雰囲気や争いごと、説教臭いのはイヤ。

――「ダサい」、「かわいくない」と感じるのはどのようなものか？

画面をパッと見たときのイメージ（色彩、表情、文字の情報、声のトーンなど）が古臭いもの、おしゃれじゃないものはパス。嫌いな出演者が出ていたらすぐにチェンジ。

――瞬間的にチャンネルを替えられることはなかったのに、少し見た上でやっぱりチェンジされてしまったのはなぜか？

紹介しているネタに魅力を感じたけれど、思ったよりも高級・高額すぎて、手が出ないことにガッカリした。出演者どうしの会話にストレスを感じた。

こういった感じで「なぜ失敗してしまったか」という仮想インタビューを繰り返していくことで、本当に失敗してしまうことを避け、成功するための戦略を絞り込んでいくのだ。

つねに意識したい「ライバル視点」

③「視点を変える」……顧客やライバルなど違う立場から考えてみる

これもミッション達成に欠かせないステップだ。物事を一方向からしか見ていないと、いつしか固定観念ができてしまい、それにとらわれていく。自分にとって都合のいいように解釈してしまうことが失敗を引き起こす。リスクを減少させる観点からも多角的な視点からチェックすることは重要だ。

過去の成功体験にしがみつくのも、新しいことにチャレンジできなくなるのも、視点が固定化することからくる弊害だ。

そのような「体質」になると、なかなかいい結果を掴《つか》み取れなくなる。

テレビでは、ひとつの被写体を表現するのに、あちこちに設置したカメラをスイッチングしながら、さまざまな角度から映し出す。視点（見る人の立場）が変わると、感じ方も大きく変わることがある。そういう考え方や手法が戦略作りにはとても大切だ。

そのやり方のひとつは、実際に別の立場の人に意見を求めることだ。顧客の視点であれば顧客に、Ｆ１の視点であればＦ１の人に、ライバルの視点であればライバルに、意見を求める……しかし、これらは現実的でないこともある。

特にライバルに意見を求めるというのは少々考えにくい。あとでも少し触れるが、アンケートの類もアテになるかどうかは微妙だ。

それよりも、違う視点からはどう見えるのだろうかと、「想像」する習慣を身につけたい。その想像が正しいかどうかも大切なことだが、なぜそのように想像したかという根拠を数多く備えて、多角的に見ることを習慣化することが重要なのだ。

少なくとも、対象としているターゲット（顧客）の視点を徹底的に研究するのは当然必要なことだ。ところがそんな「顧客の視点に立つ」という当然のことさえ行わず、あくまでも提供する側の都合だけを押し付けているケースが世の中にはごろごろしている。

皆さんも日頃から消費者として、顧客として生活する中で、商品やサービスについて「そういうことじゃないんだよなあ」と言いたくなることが多々あると思う。それこそが提供者が顧客視点でものを見ていない証拠だ。

私の経験から言うと、毎日決まった作業の繰り返しになりがちな仕事ほど、顧客の視点を忘れてしまうことがある。だから、朝や昼の帯番組の場合は、常に意識的に視聴者の視点に立とうと努める必要がある。

一時的にでも大成功した実績があるとそれに安住してしまって、顧客に飽きられていることに気づけなくなってしまう。知らず知らず時間は過ぎていて、状況は刻々と変わっている。それが見えなくなってしまうのだ。

できる限りさまざまな角度から検証するのが望ましいが、顧客視点に加えて最低もうひとつ、「ライバル視点」は取り入れるべきだ。

自分たち自身による評価はそれほど高くなくても、ライバルからは疎《うと》ましく思われているかもしれない。逆に、自分たちでは重要だと考えているが、ライバルからは、さほど価値があるとは思われていないかもしれない。それぞれ立場が違えば、持っている「資源」も違うため、価値観も変わるものだ。

なかなか難しいことではあるが、自分たちのことをライバルがどう見ているかを冷静に分析できるように習慣づけたい。そうすることによって、自分たちの強みと弱みを自覚できるようになる。

敵失を見逃さなかった『スッキリ!!』のしたたか戦略

ライバル視点を持っていないと、守りが弱くなってしまうというのもある。

ここで少し脱線して、「ライバル視点がなかったばかりに敵に攻め込まれた」という例を紹介したい。もっとも攻め込んだ「敵」は、私なのであるが。

現在も放送中の日テレ朝の情報バラエティ番組『スッキリ!!』（現在は『スッキリ』）の総監督を務めていた頃の話。当時その時間帯は、やはり現在も放送中の『とくダネ！』（フジテレビ）がライバルだった。MC小倉智昭さんの巧みなトークで安定した強さがあり、まさに「目の上のたんこぶ」。なかなか勝てない強敵だった。

とりわけ厄介な存在だったのが、笠井信輔アナが担当していた「とくダネ！TIMES」というコーナー。芸能ニュース、海外ニュース、ローカルニュースなど雑多な小ネタをピックアップして、雑誌の見出し風にパネルに書き出し、順番にテンポよく紹介していくスタイル。視聴者は気になる見出しが目に入ると「なんだろう?」と意識が向くため、ザッピング（チャンネルを頻繁に切り替えながら視聴する行為）の手が止まる。これがなかなかの高視聴率を稼いでいた。

ところがあるとき、コーナーの名前を変えてきた。おそらく、人気コーナーとはいえ、イメージを刷新してテコ入れを図ったのだろうが、これはこちらにしてみればラッキーな「敵失」だった。

（よし、これいただく！）

私のいたずら心が刺激された。「TIMES」というネーミングをいただいた企画「スッキリ!!TIMES」を誕生させた。当時レギュラーだったテリー伊藤さんの着眼点で「大きなニュースにはならない小ネタ」をテンポよく順に紹介していくコーナーとした。ネタは一般紙、スポーツ紙など新聞から拾った。もちろん、パネルに表示した見出しで視聴者を惹き付ける手法も採用した。

「スッキリ!!TIMES」の誕生には、私のいたずら心と、もうひとつ狙いがあった。「スッキリ!!TIMES」がある以上、『とくダネ!』があとで「とくダネ!TIMES」を復活させようと思ってもできないのである。これにはテリーさんも「さすがのあざとさ！」と爆笑していた。

ということで、思いっきりいただいた「スッキリ!!TIMES」。ある日、紹介するネタの候補としてディレクターが新聞から拾ってきた中に、アメリカでデビューした奇抜な髪形、ファッションの新人女性アーティストがいた。こいつは面白いということで、冗談混じりで「スタジオに呼びましょう!」となった。まだデビュー直後のアーティストにとっても日本全国で放送しているTVショーに出演できるのはウマ味のある話。トントン拍子に話がまとまって、本当にスタジオに来て、ナマ歌を披露してくれた。そのアーティストこそ、「レディー・ガガ」だった。

その後、レディー・ガガは大ブレイク。世界中でヒットを飛ばすスーパースターになったのはご存知のとおりだが、そんなガガ様は『スッキリ!!』出演が日本でのブレイクのきっかけになったと信じて疑っていないようだ。その後も来日するたびに『スッキリ!!』のスタジオにやってきてくれる。

また、このエピソードには後日談まであって、海外のプロモーターやエージェントの間でこのことが有名になり、日本でアーティストを売り込みたければ、『スッキリ!!』に出演させろというのが合言葉になったというのだ。以来、『スッキリ!!』には定期的に海外アーティストから出演依頼が舞い込んでくるようになった。

後日談といえば、私が日テレを辞めてフリーで活動していたら、当時『とくダネ!』の現場で働いていた人と話す機会があった。「スッキリ!!TIMES」の話をしたら、「あなたでしたか！　あんなえげつないことをしたのは」と言われた。

一緒に仕事をした後は、「敵に回しちゃいけない人だとよくわかりました」とも……。

うまくいっていることをライバル視点を持たないまま変えたりすると、ライバルにつけこまれる可能性があるので気をつけてほしい。

戦略作りに欠かせない「変換」作業

④「戦略を絞り込む」……一点に集中し、達成まで攻め続ける

「一点突破4ステップ」の最後は、「戦略」としてまとめ上げる作業だ。ここでいったん、「一点突破4ステップ」の①〜③を整理しておこう。

①「ミッション咀嚼」で、求められている「目的」「使命」を正しく把握する。

②「障壁をイメージする」で、ミッション達成のために「やるべきこと・やるべきでないこと」を洗い出す。

③「視点を変える」で、やるべきこと・やるべきでないことが、時と場合によってどの

ように変わるのかをチェックする。

４つ目のステップでは、それらをもう一度「体系化」して、「優先順位」をつける。それによって、突破すべき一点を明確にするのだ。

何が根源的なことなのか、何が柱になるのかを見極める作業と言ってもいい。

「『いいとも』を倒せ」の例であれば、ズバリ「F１・F２をゲットせよ」が戦略だ。

「『いいとも』を倒せ」というスローガンが、「F１・F２をゲットせよ」という行動原理に置き換わった。この変換こそが、戦略作りの要諦なのである。

すべてのことはこれを基準に判断していけばいい。迷ったらここに戻ればいい。戦略が確立することによって、チームの方向性が確かに定まり、一点突破の道が見えてくる。そうすると、求心力が増大し、ミッション達成の確率が上昇する。

ということで、「一点突破４ステップ」を戦略作りにどのように活用できるかをひととおり述べた。テレビという現場をベースにいろいろな例を挙げてみたが、おそらく、すべてのビジネスリーダーに共通することも多く、さまざまな職種においても有用だと理解してもらえたと思う。

勝つためにあえて失敗する

「ミッションを戦略に変換する」と言葉にすると簡単なのだが、実際にやってみると、同じ工程を経ても、結果としてアウトプットされるものは人によってまったく違うというのが面白いところだ。

斬新で素晴らしい戦略を導き出す人もいれば、まるっきり陳腐な、今までの延長線上のことしか出てこない人もいる。

こう言ってしまえば身も蓋もないのだが、それが発想力の差である。そして、その差は普段からの心がけの差、習慣の差だと私は思っている。

特に大きな違いが出るのは、「一点突破４ステップ」の③、視点のチェンジである。

人間、自分が実際に体験したことほど心に残るものはない。

テレビで見た、雑誌で見つけた、本で読んだ……誰かの体験をなぞることで情報としては入ってくるが、実際に自分がやってみたことと同格ではない。いや、天と地ほどの違いがある。

だから、何ごとも「いつもと同じ」が大好きな人は、普段の何気ない行動の中でも新しい体験をするチャンス、感覚の幅を広げる好機を放棄しているといっていい。

体験の種類を多くすることで、本質を問うための質問の数が増えていくし、より多くの視点から物事を見ることができるようになる。

例えば、いつもと同じ時間に、いつもと同じ道を通って、いつもと同じ店に行き、いつもと同じメニューを昼食として食べる人がいる。それが悪いというわけではないが、視点を変える経験が増えないということを意識しておいてもいいだろう。

きっと、とても美味しくて、この上なく好きなのだろう。それと同時に、ほかの店に行って食べたことのないものを注文することによって、「失敗したくない」という思いが強いというのもあるのではないか。こういった志向性は、プロジェクトリーダーとしての能力開発には逆行するように思う。

失敗するのも面白いじゃないか。ちょっと嫌な予感がするお店で、あえてことさら嫌な予感がするメニューを注文してみる。食べてみたら思ったとおりまずかった。

それでいいじゃん！　と思う。店や料理をよく観察して、どういうところが嫌な予感のもとだったのか。それを考えれば、センサーがひとつ学習したことになる。どうまずかったのかを誰かに話せば笑ってもらうネタになる。

「いつもと同じ」は精神的なリラックス効果や安心と引き換えに、自分自身の中にある「面白いことを感じ取るセンサー」を鈍化させ、思考回路を詰まらせているのだ。

学ぶべき成功モデルは意外なところに

先述したとおり、新番組『ヒルナンデス！』には、『王様のブランチ』のエッセンスを取り込むことを想定していた。

『王様のブランチ』はTBSが土曜日に放送している情報バラエティ番組で、ターゲットはズバリ、休日を自宅で過ごしているOLがメインである。なんと1996年にスタートし、その後ずっと人気をキープしている長寿番組だ。歴代MCは、爽やかなイケメン俳優やタレントなどが務め、扱うネタはファッション、グルメ、スイーツ、エンタメ、旅行といったもので、まさにF1層の好きなことを盛り込んでいる。

新番組プロジェクトの戦略が「F1・F2をゲットせよ」であることは、リーダー就任時から想定したので、『ブランチ』っぽい要素を取り入れることは、すぐに思いついた。

具体的には、社会に渦巻く悲しい話題や暗いニュースなど、いわゆるワイドショーっぽいネタは完全に切り捨てて、つかの間の休息時間を明るい気持ちで過ごせるような番組、自分の生活レベルに近く、衣食住や趣味に役立つ情報を楽しく提供してくれる、そういうところを取り入れようと思ったわけだ。

今になって振り返ると、なぜそのような発想の番組が平日昼間になかったのか、逆に不思議なくらいだ。なにしろ『ブランチ』は前世紀から続いている王道番組で、『ヒルナンデス！』放送時ですら、すでに放送開始から15年も経とうとしていた。

土曜昼間のF1・F2層には完全に浸透していたのだから、似たような雰囲気を平日昼間に持ち込んでも良さそうなものだが、そのような番組は過去を含めて皆無だった。

しかし、そういうものなのかもしれない。

今、こうして『ヒルナンデス！』が『いいとも』を倒した後であれば、当たり前のように感じるが、そもそもOLが自宅にいないはずの平日昼間に『ブランチ』的な番組をやっても視聴率なんて取れない、という先入観があったのだろう。

実際は、OLと同じ年齢で、同じ趣味嗜好を持つ主婦層がテレビを見ていたし、逆に土曜は仕事がある人たち、例えば小売店・飲食店、理美容、不動産といった接客サービスに従事している人たちは、平日に交代で休みを取るケースが多い。

医療系も土曜は出勤で平日が休みの場合が多い。そう考えれば、土曜日よりは圧倒的に少なくても、一定数の「働く女性」が平日休みを楽しんでいる。平日は無理と決めつけることはできない。

固定観念は発想に制限をかける。それを防ぐには、さまざまな人の視点から物事を見るしかない。

〈ヒルナンデス戦記④〉満を持して番組スタートも、厳しい船出

ＭＣが南原さんに決定し、この調子でキャスティングを固めていきたい。次は月曜から金曜まで、各曜日のレギュラー出演者のキャスティングだ。まずはＭＣの南原さんと一緒にその曜日を仕切る「曜日ＭＣ」の人選にかかった。

一点突破の戦略は、あくまでもＦ１・Ｆ２の支持をとりつけること。狙いは明確だが、それを形にするのは容易なことではない。

新番組を新しい視聴習慣にしてもらう必要があるのだから、長期戦の覚悟が必要だ。軸

になるのは、あくまでもF1・F2層にとって役に立つ情報だ。自分と家族の生活を楽しいものにしてくれる、役立つ情報、これが中心。食事をしながら、家事をしながら視聴する時間帯なので、気分よく時を過ごす邪魔になってはいけない。

そう考えると、レギュラー出演者に求められるものが定まってくる。それは、「安定感」であり、「当意即妙に楽しい雰囲気を作るテクニック」だ。

芸人さんであれば当然持っているであろう、爆笑を狙ってやろうという野心も時には邪魔になる。また強烈なキャラクターを持つ「飛び道具」のような出演者は、ゴールデンタイムのお笑い番組、バラエティ番組では視聴者を惹き付けるとても大切な武器になるが、昼の帯番組では逆に視聴者を遠ざける「地雷」になりかねない。

また、「旬」の要素も必要ない。今、爆発的にウケているとか、ホットな話題で注目されているというのもやはり「飛び道具」であり、長期戦であるレギュラーには向かない。「安定したそれなりの面白さ」とか「強烈なキャラより、場を面白くする力」などと言うと、芸人さんは気を悪くするかもしれない。でも、私にしてみればこれは今回のミッションクリアに絶対必要な条件であり、最大の〝褒め言葉〟だ。

もっと極端な言い方をすれば、「F1・F2層に嫌われないこと」。最終的に決定となったのが遠藤章造さん、渡部建さん、つるの剛士さん、そして関ジャニ∞の横山裕さん、村上信五さん。お気づきだと思うが、爽やかでおしゃれなイケメンが揃った。もちろんそれも重要なことだ。

さらに久本雅美さん、いとうあさこさん、有吉弘行さんら、状況判断ができて腕のあるベテランを揃えたレギュラー陣も決まっていった。

次に決めたのが、南原さんをフォローして進行を担当するアナウンサーだった。ここでは、当時まだ新人だった水卜《みうら》麻美アナを抜擢した。入社直後、新入社員たちの飲み会に私が乱入し（笑）、水卜アナの愛嬌のある表情が印象に残っていた。フレッシュさに賭けた大胆な勝負だったが、結果的には大成功だった。いや、まさか水卜アナが食いしん坊キャラで大人気アナウンサーに上り詰めるとは、その当時は想像すらしていなかった。

＊

決めるといえば、この時期にもうひとつ大きな決定があった。番組名だ。「お昼」「ナンチャン」から文字を拾って『ヒルナンデス！』とした。私が考案したタイトルだが、実は番組名にはそれほどこだわりはない。帯番組は継続によって親しまれていくものであって、奇をてらっても仕方ない。意識したのは、新聞のテレビ欄（私たちは伝統的にラジオ&テレビ欄を省略した「ラテ欄」と呼ぶ）での収まりがいいかどうかを考えた。番組内容の紹介を邪魔するほど長くてもいけないし、短すぎても視認性が悪い。昔に比べてラテ欄を見る人は減っているが、テレビや録画装置で表示できるEPG（電子番組表）にも同じ内容が表示されるので、重要性は変わっていない。

年が明け、いよいよ来《きた》る3月には番組スタートを迎える2011年になった。それまでは新番組を構想するためのプロジェクトチームだったが、いよいよ実際に番組制作を担当するスタッフが決まった。総合演出の私の下で、5曜日それぞれの演出を担当する「曜日チーフ（ディレクター）」たちだ。それぞれ、週1レギュラー番組の総合演出などを経験した「一国一城の主《あるじ》」たち。文句のつけようがない精鋭が揃った。

『ヒルナンデス！』というひとつの番組ではあるが、実際の作り方としては、週1レギュラーの2時間番組が5本、毎週放送されていると思ってもらったほうがわかりやすい。曜日チーフは、思う存分個性を発揮してくれればいい。

そして、曜日ごとにちがう「5本の番組」を、同じ『ヒルナンデス！』という番組に揃えるのが私の仕事であり、南原さんの役割だ。

ついにチームの形が整い、番組作りの準備は実戦段階に入った。

とはいえ、『ヒルナンデス！』の立ち上げは雲を掴むような作業だった。まずは、曜日チーフやプロデューサーと週2回、2時間ほど企画会議を繰り返した。単純に『ヒルナンデス！』のコーナーを固めていくだけでなく、こういう企画はアリかナシかを語り合い、脳内シミュレーションを繰り返すことで、私が考える『ヒルナンデス！』とはどのようなものなのか、それがなぜF１・F２に受け入れられるのかを、イメージと理論の両面で共有していった。

そうした中で生まれたのが、「遠藤章造が山手線の駅を一周しながら美味しい店やスポットを訪ねる」とか、「いとうあさこが有名企業の社員食堂を訪問する」とか、「金曜日はスイーツめぐり」といった企画だ。

定期的にみっちり行ってきた企画会議のおかげで、番組のカラー、価値観、「文法」といったものを意識共有できた。振り返れば、非常に良かったと思う。

優秀なクリエーターがさまざまな企画をまとめていく中、私が主導して決定した企画がスタート第1週に放送する「レギュラー全員参加のバスツアー」ロケだった。なぜそれをやりたかったか。ひとつには、新番組のスタートにあたり、全員集合して楽しい時間を過ごそうという狙いがあった。ミッションクリアには、出演者とスタッフの団結は欠かせない。

南原さんはじめ出演者に集まってもらい、開業前のスカイツリーなどを観光バスで訪ねる。視聴者も興味を持っている場所に行き、和気あいあいと楽しく日帰りツアーを楽しむ。それは、新番組の豪華な顔見せとして視聴者にも喜んでもらえるはずだ。

また、ロケで出演者それぞれがどんな立ち回りをするかなど、早い段階で役割を把握できれば、その後の「通常営業」のスタイルになっても役に立つだろうという狙いもあった。

番組スタートを約2週間後に控えた2011年3月11日、記念すべき『ヒルナンデス！』初の観光バスロケが行われた。

＊

うららかな初春、穏やかな天気。南原さんをはじめとするレギュラー出演者とスタッフ一同は、新番組初めての収録という緊張感と、努めて肩の力を入れないようにという抑制の気持ちを抱えて、スカイツリーから柴又帝釈天、老舗川魚料理店など、朝から順調に楽しく撮影を進めていった。

大地震が起きたのは14時46分。都心へとバスを走らせ、芝・増上寺の境内でロケ再開というタイミングだった。増上寺といえば、このあたりの避難所に指定されているところでもあり、広い境内の真ん中にいた私たちは安全だった。ただ、偶然にも東京タワーの先端が折れ曲がるのを目の前で見た。

その時点では、まさか東北や北関東などであのような大惨事になるとは思いもよらず、みんなの動揺が落ち着いたところで撮影を再開した。しかし、ヘリコプターと緊急車両のサイレンの音が鳴り止まず、ロケの続行は不可能と中止の判断をした。

時が過ぎ、日が経つにつれて、巨大地震とその後に起きた津波や原発事故が、日本全国に大きな暗い影を落としていった。この沈痛なムードの中、本当に新番組を始めることができるのだろうかという心配があった。

日本テレビ内でも「新番組はしばらく見送るべきではないか」という議論があったようだが、私はこんなときだからこそ、明るく楽しい気持ちになれる番組をスタートさせるべきだ、視聴者を元気にするのがテレビの使命ではないのかと思っていた。そして、予定どおりスタートの判断が下った。

ということで、非常に厳しい環境の中、「お昼に楽しいひとときを届ける新番組」を始めることになった。まあ、どん底からのスタートなら、あとは上がっていくだけ。ものは考えようだ。

開始に向けた準備は着々と進んだ。前日、入念なリハーサルも終わった。オンエアする

ＶＴＲもきっちり出来上がり、チェックも終わった。

3月28日月曜日、新番組『ヒルナンデス！』が初日を迎えた。ところが……だ。最終リハーサルの真っ最中に、日本テレビ氏家齊一郎会長死去の一報が飛び込んできた。長年トップに君臨してきたカリスマ経営者が亡くなったのだから、局内は少なからず動揺があったのだろう。スタジオ内も何かザワザワしている。しかし、それはあくまでも日本テレビ局内、内輪の話であって視聴者には何も関係ない。集中しなおしてリハーサルを続行した。

さらに動揺を打ち消してくれたのが南原さんだった。本番開始直前、南原さんの呼びかけで被災者へ黙祷を捧げた。こういうことができるのがベテラン。ＭＣを務める器だ。

こうして心を落ち着けて、初日の放送に臨んだ。

翌朝、視聴率が出る。世帯視聴率は『いいとも』に遠く及ばず、ダブルスコアの差をつけられた。

まあ、こんなものだろうと思いつつも、もう少しできたんじゃないかとも感じられる微妙な数字だった。この結果をどう読み解き、どう変えていけるか。ここからが本当のスタートだ。

毎分視聴率とオンエア内容を見比べる。スタジオでのトークにゆるみはなかったか、サイドスーパー（画面の右上に表示されたままになっている11〜15文字ほどの文字情報のこと）の言葉選びや書体に問題はなかったか……。細かく検証したいところだが、時間は待ってくれない。新たなVTRチェックもしなくてはいけない。バタバタとやらねばならぬことを片付けているうちに、翌日のオンエアが始まる。生放送の帯番組とは、その繰り返しだ。

火曜日の視聴率はさらに落ちた。その後も厳しい数字が並び、悪いときは『いいとも』の3分の1以下の数字まで落ち込む。これまで視聴者の9割を占めていた高齢女性をターゲットから捨てたのだから、ある程度予想していたとはいえ、苦しいスタートになった。

ターゲットは狭すぎるくらいでちょうどいい

ここまで述べてきたミッションや一点突破の戦略作りは、いわゆる「マーケティング」と同じことを指している。したがって、戦略作りとは、自分たちが提供できる「価値」は何か、その価値を欲している「顧客は誰か」を明確にすることである。以下に説明を加える。

立場や用途によってさまざまな定義がなされるマーケティングという言葉だが、一般的には「顧客が本当に求める価値を提供し、より満足度の高い状態でその価値を届ける仕組み」といった意味で使われる。

企業が実現したいミッションの多くは、マーケティングの範疇《はんちゅう》にあり、ミッションを変換させた一点突破の戦略もまたその一部だと言える。

例えばテレビ局の場合、「顧客」（お金を払ってくれる人）はCM枠を買ってくれるスポンサー企業だ。だから、テレビ局が提供する「価値」とは、「高視聴率（多くの人が番組を見ている状態）」ということになる。

また、その価値にもいろいろな種類があり、『ヒルナンデス！』のようにF1・F2が多い高視聴率もあれば、『笑点』のように高齢者が圧倒的に多い高視聴率もある（ちなみに『笑点』の視聴者は、65歳以上がおそらく9割を超えているだろう）。

当然、それぞれ価値を感じてくれるスポンサー企業が違うのだ。

このように、価値に特徴をつけて、顧客を絞りこむことを「ターゲティング」という。

顧客であるスポンサー企業が、より満足するような高視聴率という価値を作ることができれば、満足度は高まり、その結果CMの単価がアップするのだ。

だから、CMの単価というのは、「顧客にとっての価値」によって変動する。繰り返しになるが、Ｆ１・Ｆ２層は、ＣＭによって購買意欲が刺激されて、消費行動に移りやすいため、ＣＭ放送を希望する企業によってＣＭ枠の争奪戦が巻き起こる。単価がグングン競り上がっていく。

一方、65歳以上がほとんどを占める番組の多くは、視聴者がＣＭに刺激されて消費行動に移ることが少ない。もちろんそこに価値を見出す顧客（スポンサー）も存在するが、ＣＭの単価が高騰するほどの争奪戦にはならない。世帯視聴率の高さからすると意外かもしれないが、理屈がわかれば納得だろう。

番組によっては、顧客から価値を認めてもらえないものもある。簡単に言ってしまえば視聴率が低い番組だ。放っておくと、どんなに単価を下げようとも売れないということになりかねないが、同じ局内に価値の高い別番組があれば、セット売り（バーター商法）することもできる。

なお、ＡＣジャパン（旧・公共広告機構）のＣＭは、公共の利益を目的としたものであり、テレビ局は広告料を取っていない。これが流れるのはどういうときか。まずは、純粋にＣＭ枠が売れなかった場合がある。通常はセット売りなどで上手にさばくものだが、大災害の直後などはＣＭを放送する企業がぱったりといなくなる。社会全体が深い悲しみに包まれているときには、宣伝活動がかえってイメージダウンになるかもしれないからだ。

スポンサーの都合で急遽ＣＭの放送が取りやめになるケースもある。例えば、ＣＭに出演していたタレントに不祥事があったというケース。別パターンのＣＭに差し替えられればいいが、それがなければやはりイメージダウンを避けたほうがいいという判断になる。いつもは流れないはずのＡＣのＣＭが流れたら、何か事情があると思っていい。

さて、当たり前のことだが、テレビ局にとっての顧客はスポンサー企業だからといって、それだけを大事にしていてはいけない。もちろんスポンサーは大事だが、もっと大事なのは視聴者である。なぜかというと、視聴者の満足度が高くなければ高視聴率という状態が作れない。それは、お金を払ってくれる顧客であるスポンサー企業にとっての価値を提供できなくなることを意味する。これはテレビ局に限らず、企業間取引（Ｂ to Ｂ）を行っている企業全般に言えることだ。

「お客様は神様です」という文脈からすれば、テレビ局にとっての「お客様」は、実際にお金を支払ってくれるスポンサーよりも、視聴者のほうであると言える。高視聴率という状態がそこにＣＭを放送したいスポンサー企業にとっての価値であり、視聴者をターゲティングすることで、スポンサー企業をターゲティングできるのだ。

視聴率においてＦ１・Ｆ２が重視されるワケ

前述したとおり、テレビ業界は購買力のある大人の視聴者を６つに大別して、視聴率を把握している。その分類がターゲティングの基本だ。

あらためて消費傾向に即してその特徴を列挙していく（人数は総務省統計局「人口推計２０１９年３月１日確定値より）。

・Ｆ１（女性20～34歳）約９４５万人

セグメントとしては人数がもっとも少ないが、広告の世界ではもっとも重視されている。その理由は、好奇心旺盛で流行に敏感、恋愛への関心も高い。新製品・新サービス情報にも興味があり、未婚者が多く自分のために自由な消費傾向があるためだ。

ファッション、コスメ、グルメ、スイーツ、ショッピング、海外旅行、恋愛、エンタメなどその興味が向く先は幅が広い。

・F２（女性35〜49歳）約１２９７万人

年代幅はF１と同じ15年だが、人数はF１のおよそ１・４倍と多い。既婚者が増え、子育て中という人も多い。F１の特徴がすべて消え去るわけではないが、家計をやりくりする役割を担うため、家庭における影響力を持つという特徴がある。

可処分所得はF１に比べて必ずしも多くないが、消費行動の決定権を持っているケースが多く、広告業界にとっては重要なセグメントだ。

趣味嗜好についてもF１の特徴を持ち続けつつ、奔放な消費は抑制して、教育・習い事や家族の健康や食材といった子育て関連や衣食住の買い物に興味が移る。40代になると自身の習い事や親の介護にも関心が向く。

BS放送午後の時間帯は、各局で韓流ドラマを放送している。『冬のソナタ』以後も脈々と人気コンテンツとして続いているのだ。視聴しているのは圧倒的にF２・F３層（40〜50代女性）が多い。

「ハーレクイン・ロマンス」という女性向けの恋愛小説シリーズがあるが、韓流ドラマはその映像版という趣がある。

日本のドラマは、感情の機微を巧みに表現するなど、非常に完成度が高く作り込まれているが、こと恋愛に関しては照れがあって、あまりベタな感情表現を使わない。

その点韓流ドラマには、日本人がしないようなストレートな表現がある。アメリカの映画、ドラマだとちょっと姿形や考え方が違いすぎて現実味がないが、韓流だと日本人との差がさほどなく、しかも翻訳・吹き替えというリアルと虚構が微妙にぼかされた表現になっているのが「ちょうどいい」のだろう。

・F3（女性50歳〜）約3205万人

女性の長寿化を背景として、全セグメント中でダントツの人数である。健康を意識しているため食材や運動への関心が強い。また、文化・教養に興味を持つ人も多く、習い事や美術館・博物館へと関心を移したり、再びエンタメ方面への熱を高める人も多い。

経済的な余裕もあるが、消費は極めて抑制的。特に新製品や新技術への反応は鈍いため、テレビCMにはあまり影響を受けない層である。

ただし、さすがに50代と80代を同質のものとしてひと括りにするのは無理がある。晩婚化もあって50代でも子育て期にいるケースも珍しくないし、「実年齢」と「老いの進行」の関係はズレてきている。特に50代（約802万人）は心も体も元気で、40代との差はそれほどない。むしろバブル経済の時期に青春を謳歌したこともあって、チャンスがあればもう一度派手な消費をしてみたいという潜在的な願望が強い。その傾向には無視できないものがある。

・M1（男性20～34歳）約997万人

女性のF1と同じように流行や新製品、新技術に対して敏感に反応する。モテたいという恋愛願望も高い年齢だが、近年は急激な「草食化」が懸念されている。お金、ゲーム、スポーツ、ファッション、デジタルデバイスや時計などの「モノ」への関心が高い。飲食にも興味がある。

従来は積極的な消費傾向が特徴だが、傾向としては慎重派が増えている。

・M2（男性35～49歳）約1330万人

女性に比べて男性は、年代による趣味嗜好の変化が小さいのが特徴だ。あえて言うならばM2は、収入は増えるが、結婚によって可処分所得は減少し、仕事中心の多忙な生活と、家庭中心の消費傾向になる。飲食やモノへの欲求は依然として高く、教育や家族での余暇の過ごし方に関心がある。

テレビ業界的には、もっともテレビを見ない層で、朝晩の報道番組くらいしか見ないという人も多い。

・M3（男性50歳〜）約2731万人

資産があり、社会的影響力の強いアクティブシニアと、第一線をリタイアして時間的な余裕のある世代を含んでいる。経済力、購買意欲ともにそこそこあり、上等なもの、高級なものへの消費はこの層が支えている。

その一方、新製品、新サービス、新技術といったものへの冒険心は弱いため、テレビCMとの親和性は低い。ヘルスケア分野への関心、消費が突出して高い傾向がある。

現在はBSで放送されることが多いプロ野球中継はM3層が非常に多く見ている。大相撲中継や『笑点』もまたしかり。『笑点』は高視聴率で知られているが、大相撲の期間中は通常よりも下がる。同じ人たちによって支えられているのだ。

ただし、女性同様、バブル青春期を経験した50代（約806万人）は、M3の中でも異質で、マインドはM2とさほど変わらないと捉えるべきだ。

ターゲットの年齢・性別とともに、もう一つ重要な点

一般消費者の動向がキーになるビジネスの場合、こうした性別・年代のセグメント別の特徴を分析することは最低限必要になる。その上で、どの層をターゲットにし、どのような価値を高めていくかを決めていき、そこから一点突破の戦略を絞り込んでいくのが戦略作りの王道である。

もちろん、これらは性別と年代の代表的な傾向というだけですべてがクッキリ分かれるわけではない。昔のように皆が同じ行動をする時代から、趣味嗜好が多様化する時代になっており、その傾向は今後ますます進んでいく。

おじさんのような渋い趣味を持つ20代女性もいれば、最新の音楽などの若者文化を追いかけ続ける中高年男性もいる。あくまでも「中央値」のイメージだ。

そういう意味では視聴傾向に大きな影響を与える別の要素として、「教養レベル」がある。内容が難しすぎると感じれば敬遠する人たちもいる一方で、知的好奇心を満足させてくれるものに興味を惹かれる人たちもいる。性別・年代に関係なく、見るか見ないかの基準が

レベルによって違うのだ。

身も蓋もない言い方になるが、テレビ制作者はそのあたりも計算に入れていて、番組ごと、時間帯ごとにどのあたりの教養レベルに合わせるかを調整している。

「お客様アンケート」の結果はあてにならない

アンケートは真実を語っていないので鵜呑《うの》みは厳禁。むしろ、市場の動きから将来展開されるストーリーを読み取ることのほうが大切だ。

「マーケティング」という言葉から、マーケティング・リサーチ（市場調査）を連想する人もいるだろう。テレビ局もさまざまな手法で市場調査を行っている。

それについては声を大にして言いたいことがある。それは、「お客様アンケート」や「顧客満足度調査」といったいわゆる「お客様のご意見」はあくまで参考程度に留めるべきだということ。

皆さんも何かしらアンケートに答えたことがあるだろう。「なんかどうでもいいような つまらないことを聞くなあ」とか「まあ協力してやってもいいけどめんどくさいな」と思いながら回答するのが普通ではないか。また、たとえ無記名だとしても、ちょっと格好つけて答えたりすることもあると思う。

テレビマンなら誰だって、女性の裸が画面に出てきた瞬間、視聴率が跳ね上がるという事実を知っている(そんな手を使って視聴率を稼いだってなんの得にもならないが)。でも、「どんな番組が見たいですか」と質問されて「ハダカ」と答える人はまずいない。「社会派の番組」って答えるだろう。ウソつけと(笑)。

アンケート結果の集計から、なんらかの傾向を導き出すことはできる。満足度が上がっているとか下がっているとか、もっと社会の問題を取り上げる番組がほしいとか。私のところにもしかるべき部署から定期的に届けられた。

でも私が唯一絶対的に信用した「市場調査」は、毎分個人視聴率だけだ。アンケート結果に書かれたいかなる「傾向」も、さまざまな「視聴者の声」も、それが真実である証拠がない。真実と言えるのは、実際の行動として表れた数字の結果だけだ。

アンケートでニーズを掴み取ろうとか、アイデアのヒントを得ようといった発想もまったく感心しない。顧客窓口としてはそれが仕事なのであろうが、実際に商品やサービスを開発している現場は、そんな素人が思いつくようなことは当たり前に検討済みで、その10

歩も20歩も先のレベルで物事を考えているべきであろう。そうでなければプロフェッショナルとは言えない。

マーケティング・リサーチは、実売データを最重視する。アンケート結果については、こういう事情をよく理解した上で、参考程度に賢く使うくらいでいい。アンケートにこそ顧客の真の姿があるなどと考えるのは、大いなる勘違いだと私は考える。

一点突破の「一点」をより尖らせるために

戦略の効果を高めるために、一点を正確に捉える「精度」にこだわること。それがミッション達成を確実にする。

困難を乗り越えて目標を達成する道のりは、遠くに霞《かす》んで見える目的地に歩を進めるのに似ている。常に目標を見定めていないと無駄な歩みをしてしまう。

戦略を定めて一点突破を目指したはいいが、その一点が正しくミッションクリアに向かっていないと、結果的に遠回りになってしまう。

そのためにも、実績データを常に監視して、戦略が効果をあげているかを確認し、必要であれば「一点」のポイントを修正する必要がある。

この精度を高める取り組みは、多くの場合、トライ&エラーを繰り返す地道な作業だ。『ヒルナンデス！』の例で言えば、実際にF1・F2が反応をしているかどうか常に監視し、修正していく作業を行った。視聴習慣がない新番組がライバルから視聴率を奪うには、ザッピングの流れを止められるかどうかにかかっている。たとえ、他局の番組を見る習慣がある視聴者でも、CMの間や、何か見たくないと感じた瞬間があればザッピングをスタートさせることがある。チャンネルを順に替えていきながら、この番組はなんだろう、面白そうかつまらなそうかを瞬間的に判断する。

その判断基準で重要なのは、映っている映像（出演者、何をやっているか、場所、モノ、色あい、セットの雰囲気など）と、サイドスーパーだ。

勝負の明暗を分ける日々の「微調整」

先述したように、サイドスーパーとは、画面の中心以外に表示されたままになっている11〜15文字ほどの文字情報のこと。今何をやっているところかを説明する、いわば「ザッピング用ガイド」だ。現在の情報番組やバラエティ番組、スポーツ中継などで欠かせないものとなった。この短文の書き方ひとつで、視聴率は大きく変わってくる。

例えば、サッカー日本代表の試合で、「W杯アジア最終予選・初戦」と素直に書くよりも、「日本代表、W杯出場へ決戦」としたほうが、ザッピングの手を止めてくれるだろう。『ヒルナンデス！』では、曜日チーフが書いたものを私が最終チェック、場合によっては修正を加えてオンエアした。

また、ザッピングの流れをストップさせるテクニックとして、「ん？　なんで？」、「あれ？　なんか気になる」と思わせるというのがある。例えば、ＶＴＲでレポートしている出演者たちと、ワイプの中に映っているスタジオでそのＶＴＲを見ている出演者がまったく同じ人たちだったら、「あれ？」と思うのではないか。通常の番組の作りは、ロケで取材してくる人たちと、スタジオでそれを見る人たちは別というのが多いはずだからだ。こんな風に、「なんで？」と思わせることができればしめたものなのだ。

出演者によるトークの雰囲気、場面転換のテンポ、ロケ先の店舗セレクトなど、工夫できるポイント、試行錯誤できるポイントはいくらでもある。それらの組み合わせ方もさまざまだから数限りなくあると言っていい。

週1放送のバラエティ番組などであれば複数回の分をまとめて収録するので、視聴率チェックをもとに修正しようとしても、それが放送されるのは1カ月以上後になってしまうこともある。だから、なかなか難しいのが現実だ。『ヒルナンデス！』の場合であれば、幸いにも結果はオンエアの翌日に出る。わずかな動きでも思ったとおりの反応が得られれば取り入れ、思ったようにならなければそれ以降は取り入れない。その泥臭い繰り返しによって、一点突破の戦略精度を上げていく。

こうして『ヒルナンデス！』は、F1・F2に最適化された番組パッケージとして完成度を上げていった。

視聴率が上がらない原因を見極めづらいこともあったが、タレントが前に出しゃばりすぎてやかましいといった、主婦層が嫌がるパターンは、見ればすぐに原因がわかることが多い。当然、本人に言って聞かせるのだが、条件反射なのか性格なのか、どうしても改善できずに、やむを得ず「卒業」してもらったこともあった。

無敵を誇った『いいとも』の唯一の弱点

ストロングポイントにウイークポイントは同居している。

「ライバルに勝つ」系のミッションの場合、相手を分析することは重要だ。しかし、分析した結果、あまりにも強敵すぎると怖じ気づき、まるでどこにも死角がないと思い込んでしまうのはバカバカしいことだ。

なんのことはない。なぜそんなに強いのか、その理由を探り出せばいいだけだ。その強い理由を排除してしまうことができれば勝てる。これが攻略の王道だ。

絶好調の強打者を打席に迎えたときに、どこに投げてもホームランにされてしまうようなピッチャーの心境に似ている。実際はそんなことはない。相手の得意なコースのすぐ近くに打てないコースがある——野球ではよく言われることなのだ。

『いいとも』攻略法は、F１・F２の奪取で一点突破を試みることだった。それを知った業界の人たちは、「またまた日テレさん、無謀な戦いを挑んで……」と思ったに違いない。『いいとも』の泣き所である「大票田」の高齢者層を取り込もうというのなら現実的だが、『いいとも』の独壇場であるF1・F2で真っ向勝負をしようというのだから。

ただ、こちらにはこちらなりの勝算があった。別に『いいとも』はF1・F2を狙いにいって取っていたわけではない。誰もが知っている人気者たちを多数出演させ、あくまでも幅広い視聴者層を、できることなら根こそぎ持っていこうとした結果、F1・F2でも勝利しているのだ。

ましてや、28年も続ければ、タモリさんも鶴瓶さんも28歳トシをとる。生まれる前からやっている『いいとも』に親しみは感じても、自分たちにピッタリの番組だとは思わない世代がどんどん増えているに違いないのだ。

それまで無敵だったF1・F2という戦場に切り込んでくることに、『いいとも』側がどれだけ警戒感を持っていたかはわからないが、自信を持っているところこそ守りが手薄になるというのはありがちなことだ。

そこへ『ヒルナンデス!』が他の層に目もくれず、F1・F2だけを狙った番組で殴り込みをかける。最初は大した成果も出なかったから、なお警戒しなかっただろう。

しかし、ひとたびF1・F2に蟻の一穴が空けば、状況はまったく変わる。CMの売上シェアに変動が出れば、その動きは激震へと変わる。

人気者が多数出演しているという『いいとも』のストロングポイントが、CMの売上減少により、大物出演者のギャラが負担になるというウイークポイントになる可能性があるからだ。『いいとも』の強みを徹底解剖することで、一点突破の戦略が生まれたのだ。

自分たちの弱みも明確にしておく

敵を知ったのであれば、次は己を知る番だ。敵と同じように自分もまた強みと弱みが同居している。自分については弱みを徹底的にピックアップして、その改善に努めるのがミッションクリアへの近道だ。

逆に強みのほうは、自分ではなかなかわかりにくい。わかりにくいだけに、自信がまったく持てずに勇気が出ないよりは、「ちょっと自信過剰で勘違いしている」くらいでいいと思う。ただし、大した武器もないのに自分を過信して、無謀な戦で惨敗した者は後を絶たないのも事実。それはそれで気をつけなければいけないが、ちょっとした勘違いがないと積極的にはなれないもの。「勘違い上等」なのだ。

自分の弱点をピックアップする作業も、「一点突破4ステップ」を応用できる。

①「ミッション咀嚼」……………使命をよく理解し、ブレない達成目標を作る
②「障壁をイメージする」………何が達成の妨げになるかを重ねて問いかける
③「視点を変える」………………顧客やライバルなど違う立場から考えてみる
④「戦略を絞り込む」……………一点に集中し、達成まで攻め続ける

自分（あるいは自分たちのチーム）に失敗の原因があるというシミュレーションによって、先回りして自分のウイークポイントに対処する。リスクを見つけ出す作業でもある。

このとき、自分のことだからと手ぬるい気持ちでかからず、視点を変えて、競争相手や、妨害者になったつもりで意地悪に徹するのが大事だ。

鬼退治に向かう桃太郎を例にすれば、桃から生まれるというあり得ない出生秘話を持つ自分なら、きっと鬼を退治できるという根拠のない自信は持っていていい。その一方で、「おじいさん、おばあさんに過保護に育てられた自分は、精神的に弱い部分があるのではないか」、「鬼ヶ島や鬼に対する情報がまったくないのに、敵地に乗り込むのは無謀ではないか」、「援軍である猿、犬、キジでは力不足ではないか」、「犬と猿が内部分裂するリスクはないか」

という具合にウイークポイントを洗い出すのだ。

期日までに作業を完了させるというミッションでも自己分析は必要だ。「作業分担上のボトルネックになる工程はどこか」、「上司のチェックや決裁で遅れが出ないか」、「うまくいかない場合のプランBが必要ではないか」などと問いかけ、スケジュール上の無理をとことんあぶり出し、ありとあらゆる「失敗する理由」を排除していく。

自己の内部にある失敗のリスクをあらかじめ検知することによって、そのリスクを低減できる可能性を高めるのである。

持久戦に勝つためには「特別なこと」をしない

「『いいとも』を倒す上で、ターニングポイントになったのはいつですか」、「ここで一気に勝負をかけようと力を入れたのはいつでしたか」といった質問をされたことがある。その答えは「ここというタイミングは特にありません」だ。実に面白くもなんともない答えで申し訳ないと思いつつ、これこそが長期戦のポイントだ。

ここまで伝えてきたとおり、連日放送する帯番組は、ザッピングの流れから少しずつ視聴者を定着させる地道な努力でしか視聴率を上げられない。1日に何十人だか何百人だかわからないが、とにかくこつこつと面白いと思ってくれる人を増やしていくしかない。毎日毎日、普段どおり新鮮なネタを仕込み、普段どおり精度を上げる努力をする。気を抜いたり、手を抜いたりすれば、一気に逃げられてしまうし、いつもと違う無駄な力が入ってしまえば、必ずその反動が出てしまう。

ゴールのないマラソンのように、淡々と同じペースで走り続けるのがいい。

あるいは、寿司屋に似ているような気もする。できることは、いつも新しいネタを仕入れて、いつでもうまい寿司を握れるように技を磨いておくだけ。

お客さんはいつ来るかわからない。ほかに馴染みの店を持っている人がふらりと来るかもしれないし、誰かに連れられて来るかもしれない。来たときに美味しいと思ってもらえるように淡々とやるだけ。

特別に今日はこれで勝負する、なんてことはしない。「今日は特別」と、コスプレをしたり、マグロの解体ショーを始めたりしない。いつ行っても淡々といい仕事をする。愛される帯番組を作っていく作業とは、そういうものだと考える。それは、あらゆる仕事に共通しているようにも思う。

将来のお客を作るための1割の先行投資

普段どおり走りながら、ちょっと背伸びすることがあるとするなら、それは将来への先行投資だ。これまでF1・F2と並べて表記してきたが、本当のことを言えば、番組にとってF1とF2は意味が違う。

どちらもスポンサー企業にとっては重要なターゲットだが、人数が多い「巨大な購買層」であるF2に対して、F1は購買力では劣るがイメージ戦略上重要な存在。F1に支持されることが、流行の先端にいることの証明になるからだ。かわいいものが好き、ダサいものが嫌いとハッキリしている。

F1の支持があると、スポンサーや広告業界から好印象を持たれる。特にファッション系へのインパクトがあるのは見逃せない。

そこで先行投資として、F2を切り捨ててF1だけに向けたような企画がある。1年目の9月から取り上げている東京ガールズコレクションの特集だ。視聴するのはTとF1のみ。F2はほとんど見ないため、F2の視聴率には多少マイナスの影響があったが、それでもやった。

人気モデルやタレントが揃う豪華なイベントをたっぷり紹介し、バックステージで出演者へのインタビューも行った。

「あの東京ガールズコレクションを放送した『ヒルナンデス!』」というのが、ブランディングになる、というのがひとつ。ファッション業界とのコネクションができるのがひとつ。そして、将来のF2層への先行投資にもなる。

目先の数字だけを求めるのではなく、時には長期的な視点で種をまくこともビジネスでは大切である。

IDEA

第3章 見えなかった敵の後ろ姿をとらえる

——誰もが持っている「企画力」の鍛え方

〈ヒルナンデス戦記⑤〉小さな勝利を積み重ねる

新番組『ヒルナンデス！』は、放送開始から3週間、視聴率低迷から上昇する気配はない。それは覚悟していたので、極力、焦らないように、不自然な力が入らないように平常運転を心がけた。しっかりとやるべきことをやって、少しずつ精度を上げていけばいい。まだまだ先は長いのだ。

幸いなことに、不安にさいなまれるより早く、兆しが見えてきた。F1の視聴率が上ってきたのである。最新流行に敏感な20代女性の感性に、『ヒルナンデス！』が早くも訴えかけている。早い段階で迷いを捨てられたのは大きかった。

4月下旬のある日、放送後初めてF1の視聴率が『いいとも』を上回った。翌週にも2度目のF1勝利。「よし、方向性は間違っていない！」と確信できた。今はまだ誰も気にしないような出来事だが、ここからこじ開けていけるという手応えを感じた。

先にも触れたが、各曜日チーフはそれぞれがゴールデンタイムでレギュラー番組を引っ張ってきた敏腕ディレクターたちだ。特にバラエティ番組で実績を積んできたのだが、この頃、彼らの中にある共通認識ができ上がってきた。それは、お昼の時間帯にF1・F2層が求めている「面白さ」は、ゴールデンタイムのバラエティ番組とはかなり違うということだ。

それはさまざまな条件によって複雑に変動するもので、単純化はできないが、とにかく王道バラエティ番組で形成してきた「バラエティ番組のセオリー」が当てはまらないことを曜日チーフそれぞれが実感した。

『ヒルナンデス！』を見ているF1・F2層が求めている「面白さの基準」とはどういうものか。その法則は着々と開発され、各曜日間で浸透していった。

それを踏まえて、ロケ先、出演者、展開、見せ方など、番組の内容を微妙に修正していく。自分たちのターゲットがどのような環境で、どのような気分で番組を見ているかが把握できるようになってきた。

そうした努力を継続して数カ月、少しずつ結果として表れるようになってきた。6月後半の週では、F2の週平均視聴率で『いいとも』に初めての勝利。その翌週には、今度はF1の週平均視聴率でも僅差ながら上回った。たまたまの1回ではなく、「週平均」で勝てたということは、安定した実力がついてきた証拠だ。

主婦層にはママ友ネットワークがある。もちろんＳＮＳによる情報交換もある。番組の存在が徐々に認知されるにつれ、Ｆ１に加えてＦ２の視聴率にも動きが確認できるようになってきた。このまま、じわじわと継続していけばいい。確信をますます強くした。

ところで世帯視聴率のほうはというと、あいかわらず『いいとも』の半分程度をウロウロしていて、ぱっとしなかった。私としては、想定内であり、何も問題ないと思っていた。Ｆ１・Ｆ２の支持を積極的に取りにいくために、Ｍ３・Ｆ３層の支持を「積極的に捨てた」のだ。若い世代を取り込むためには、「年寄りっぽい」というのはできれば避けたい要素に他ならない。

お昼の時間帯は、人数の多い3層を取り込まなければ世帯視聴率は高くならない。だから『ヒルナンデス！』にとっては、世帯視聴率が上がらないというのは一面では悪いことではない。

ただ、世間一般はそう見てくれない。確かに世帯視聴率では、時事ネタ中心で3層に人気がある『ひるおび』と『ワイド！スクランブル』が『いいとも』と三つ巴《どもえ》のトップ争いをしていて、『ヒルナンデス！』は遅れをとっている。すべてわかってやっていることとはいえ、スポーツ新聞などに「日テレ新番組『ヒルナンデス！』視聴率低迷」などと書かれるのは、少しシャクだ。

それでも、戦略を変えることはない。このままF1・F2を大切にしていけば、やがて比較的人数の多いF2層のシェアをもっと大きくできるだろうし、3層の中にも（特に50代は）『ヒルナンデス！』に注目してくれる人が増えてくるはず。そうすれば、世帯視聴率もトンと上がる時が来る。そう信じてやっていくしかない。

あくまでもペースを乱さず、平常運転をキープする。その中で、少しずつ改良を試みて、毎分個人視聴率のデータとすり合わせて効果を確認する。反応が良ければ継続し、そうでなければまた修正を加える。

＊

例えば、ロケで出かける店のチョイスは、地域やグレード、雰囲気によって反応が変わる。その傾向を踏まえた上でお店を選び、取材の交渉を行うよう方向性を修正していった。同じ平常運転の繰り返しのようでも、地道な努力を惜しまず、精度を上げていった。

無理な瞬発力を使うような一過性の「テコ入れ」は必要ないが、視聴者に番組を好きになってもらう仕掛けはあったほうがいい。ヌイグルミリポーターの「フェルナンデスくん」はそのひとつ。番組内にキャラクターを登場させる手法は、『中居正広のブラックバラエティ』などでも多用してきた。私の必殺技なのだ。

フェルナンデスくんは、スタッフが操作するパペットのネコで、エンタメ情報のレポートやインタビューを担当させた。声は後で録音すればいいし、タレントではないからギャラもなし（笑）。制作者側からすれば、実に使い勝手のいい出演者だ。

それでいて、登場すると画面が一気にかわいらしくなるし、「何これ？」と疑問を抱かせつつ、ほのぼのとした空気も作り出す。F1・F2層、そして小さな子どもたちはヌイグルミが大好きなので、ザッピングの手を止める効果は十分ある。さらにキャラクターが人気者になってくれれば、番組のマスコット的存在として愛されるようになる。そんな計算のもと、フェルナンデスくんは完成した。

フェルナンデスくんは、映画プロモーション中の俳優さんや、「ゆず」などのアーティストを直撃した。こういう活動は、エンターテインメント業界で認知度を高める狙いもあった。『ヒルナンデス！』はプロモーションに使えると評判になってくれれば、F1・F2層の視聴者が多いこともあって、ちょっとプレミアム感のある人たちに出てもらえる。

オリジナルグッズも作製されて、日本テレビで行われた発売イベントには、なんと3000人もの行列ができた。狙いはバッチリ当たった。

もうひとつ視聴者に好評だったのが、曜日対抗企画。番組のオープニングテーマ「LUNCH TIME WARS」（作詞・作曲・歌は槇原敬之さん）のミュージックビデオを作ろうという企画では、各曜日の女性レギュラーによる、いわゆる「センター争い」が繰り広げられた。

完成したミュージックビデオは豪華出演者によるクールな仕上がりになった。F1・F2層は、モーニング娘。やAKB48といった女性アイドルユニットの全盛期をともに生きてきたので、ダンスやセンター争いというテーマがピタリとハマったのだろう。

また、「曜日対抗メニュー開発」も番組の認知度アップに貢献した。夏休みに逗子海岸の日本テレビが運営する「海の家」で販売するメニューを開発するという企画。出演者たちが何かひとつのテーマに協力して取り組むと一体感が生まれる。その一体感は、視聴者にも必ず伝わるものだ。イベントを担当するセクションからも、非常に喜ばれた。

こうして迎えた番組始まって最初の夏休み。子どもたちや中学生、高校生にも楽しんでもらえるように、東京ディズニーランド&シーでのロケも行った。その結果、T（13〜19歳）で『いいとも』に肉薄、C（12歳以下）は完勝という結果が出たのだ。

アイデアも一点突破でひねり出す

この章では、企画力の鍛え方や、発想のテクニックについて述べる。ただし、他の章のように「大事なことからズバリ」と語れないのが、この「発想法」についてだ。毎日毎日、企画を生み出すのが私の仕事なので、そのノウハウを余すことなく伝授したい気持ちでいっぱいなのだが、それについては訳あって本章の終盤に回すことにする。順序よく進めるということでご理解いただきたい。

ということで、まず一般論から入る。私にとっての企画は、当然テレビ番組（コーナーなども含む）を指す。皆さんの場合であれば、新製品企画、サービスのリニューアル計画、キャンペーンのプラン、研究開発の提案、政策立案などさまざまだろう。

それらはまったく別物でも、その企画をプランから現実へと変えていくプロセス、つまり、「自分の発案を他者から賛同を得て、実現への許しをもらう」という意味では本質的に同じだ。

では、企画で賛同を得るにはどうしたらいいのか。

飽きもせず「一点突破4ステップ」を持ち出そう。まずは「①使命をよく理解し、ブレない達成目標を作る」。企画においてもっとも重要な「0から1をひねり出す工程」は、ここで行うことになる（詳細は次項にて後述）。

次に「②何が達成の妨げになるかを重ねて問いかける」。企画においては、「0から生み出された1」を鍛え、育てる工程と言える。

どうしてこの企画が賛同を得られないのか。なぜ、どうしてと「ダメ出しシミュレーション」を繰り返していくことで、その企画の本質に迫っていく。

例えば、企画が経営サイドから却下される理由の定番である「採算がとれない」について、そうではないという試算を示したり、「過去に成功した類似例がない」という意見に対して、的を射た冷静な反論を用意したり……といったことをやっていくことで、その企画はパワーのあるものになっていく。

この時点ですでに「③顧客やライバルなど違う立場から考えてみる」ことが重要になっている。実現性やクオリティーをチェックするにあたっては、ダメ出しする側の視点に立ち、なりきる必要があるからだ。

企画を考えるというのは非常に素晴らしい行為だ。それを理解できない人も多いが、世の中に数多くいる、企画を考えられない人に比べて本当に尊いと思う。

しかし、そこに隠された問題点をチェックして、ダメ出しする仕事もやはりとても大事なのだ。だから、将来自分がその役目についたときのことも想定して、思いっきり自分の企画にケチをつけることは、ステップアップのための立派な訓練でもある。それは、企画の独りよがりを防ぐことでもあり、視点を変える訓練にもなっているのだ。

アイデアを企画に昇華させる基本のキ

「アイデアはどうやって出すのか」「企画書はどうやって書けばいいのか」という質問をよく受ける。先にも述べたとおり「私のやり方」は後ほど述べるが、一般的に通用する方法というのはあると思う。それは、一点突破における最重要課題である、ミッションについての理解、考え方を深めていくことにある。

ここでいうミッションはこれまでと同じように「使命」のことであるが、それ自体を考えるところから始まる場合と、「使命」はすでに決まっている場合とがあるだろう。

例えば、テレビ番組を例にすれば、「平日昼の帯番組で『いいとも』に勝てる番組を考えてほしい」と言われれば、それは非常に明確なミッションがあるわけで、それを実現させるための肉付けを考えていけばいい。ある意味すでに0ではなく1が存在している。

一方、「日曜夜10時半から30分の枠で、面白いバラエティ番組を考えてほしい」と言われた場合はどうだろう。枠という決定事項があるのは前の例と同じ。違うのは目指すべき結果が、「『いいとも』に勝つ」という数値化できるものではなく、「面白い」という抽象的なものであること。

ミッションを咀嚼して理解を深めるというのは、こうした抽象的な部分に取っ組み合って、具体性を持たせることから始めなければならない。他局のライバルにはどんな番組があるか。ターゲット層をどこに定め、誰にとっての面白さを目指すのか。

それが固まって目指すべき場所が決まらなければ、出演者を誰にすればいいのか、どんなネタを展開するかといった企画を構成する「素材」を決めることもできない。

逆に言えば、ターゲットや狙うべき面白ささえ決まれば、おのずと「0から1に」なっているということだ。

あるいは、テレビ局ではなく、制作会社などで「なんでもいいから企画を出せ」なんていうことがあるかもしれない（本当は「なんでもいいから」などという乱暴なことはまずないだろう。もしそういう上層部だったら、先行きが非常に不安だ）。

その場合は、ミッションを0から考えることになる。世間一般で流行していることや、これから注目度が上昇しそうなこと、そういったニーズをヒントにして、ターゲットを絞り込み、それにふさわしい番組の想定をしていく。こうして「○曜日22時の40～50代男性向けの情報番組」というように、ミッションが定まって、はじめて企画を具体化させることができるのだ。

徹底して「なんかイヤ」の要素を取り除く

ミッションが決まり、それを肉付けすることで「0から1」になり、数々のダメ出しも根拠をもってクリアできる企画となった。それで十分かというとそうではない。それが成功するかどうかは、「見え方」、「見せ方」次第なのだ。

本質が大事なのは当然のこと。ミッションと真っ向勝負して生まれた、スジの通った骨太の企画は、成功する資格を十分に持っている。

ところが、それはあくまでもこちら（提供側）の都合であって、お客さん（ターゲット）

にしてみれば知ったことではないのだ。

お客さんは、ミッションやコンセプトから企画として育てていく過程を見ているわけではないから、企画が現実となったその完成形だけを見て、第一印象で「なんかイヤ」と思われてしまえば、はい、それまで。どんなにコンセプトが良かろうが、どんなにいいミッションであろうが関係なく、お客さんからは見向きもされない。その場を立ち去ってしまって、もう二度と聞く耳を持ってくれないのだ。

「なんかイヤ」と思われる要素は数々あるが、その多くは、「自分本位」か「顧客本位」という分岐点で間違いを犯している。

自分本位に陥らないために「場をわきまえる」

「顧客本位なんて基本中の基本」と思われるだろうが、世の中にたくさんある「残念な結果」のほとんどは、これができていない。

2019年6月、かんぽ生命の保険契約において、顧客が不利益を被ったケースが多数あることが発覚した。その後の調べで不適切な契約は十数万件にも及ぶと報道された。これなどは、「顧客本位」ではなく「自分本位」の企業体質が顕《あらわ》になった極端な例である。

こうした例は極端ではあるが、我が身を守ろうとするのは本能的なことでもある。誰もが自分中心の振る舞いをしてしまう危険と隣り合わせだ。テレビ業界も例外ではない。

顧客本位になっていない事例には、いくつかのパターンがあるように思う。そのひとつが、場をわきまえていないというやつだ。自分では気づきにくいが、顧客の目からすれば、同じことでもやっていい場合といけない場合がある。

例えば、ゴールデンタイムの「お笑い番組」で、芸人コンビがお決まりの前フリから決め台詞のギャグで爆笑をとる。これは、顧客（この場合は視聴者）本位だ。視聴者はそれが見たくてチャンネルを合わせているのだから、それこそ「待ってました！」の瞬間だ。

しかし同じ芸人コンビでも、主婦向けの情報バラエティである『ヒルナンデス！』に出演しているときはそうではない。

スタジオで出演者同士がＶＴＲを振り返りながら楽しくトークしているときに、唐突に得意ギャグへの流れを差し込み、しかもスべったら、顧客はどう思うか。

「なに？　この人たち、目立とうとして必死」になり、番組にとってマイナスでしかない。最悪の場合はチャンネルチェンジでおしまい。これは自分本位でしかないのだ。

まあ、こんな例は収録なら編集で切ってしまえば済むことだから、オンエアされることはない。でも、生放送でこれをやられたら、たまったものではないのだ。「場をわきまえろ」は、難しいことではなさそうだが、意外とそうでもないのだ。

ポイントは、提供側である自分の主張を捨てて、純粋に顧客側の感覚で、どう見えるかを事細かくチェックすること。できることには限界はあるが、とにかくとことん徹底的にやってやるのだという気迫をもって、顧客視点で考え抜かなくてはいけないのだ。

テンションの加減というのも、顧客本位と自分本位の見え方が難しいもののひとつ。例えばスポーツ中継などで、あまりに実況アナのテンションが上がりすぎていると、かえって見ている方が入り込めなくなることがある。提供側としては情報も届けたいし、現場の興奮も伝えたいし、一瞬の感動を伝えたいのだろうが、それらはあくまでも「自己都合」であり、「自分本位」に過ぎない。顧客が画面に、音声に何を求めているかを中心に考えていくべきであるし、その上で一定のテンションの高さも必要なのだから、その精度を高めなくてはならない。

少なくとも、自分勝手な解釈で「これでいい」としてしまわずに、顧客からはどう見えているかを客観的に検証することが大事なのだ。

40代の男性が20代の女性の視点に立つためには

視点を変えるということについて、もう少し掘り下げたいと思う。というのも、他人とは違うとんがったアイデアを出したり、経営的な視点で優れた提案ができたり、顧客からの圧倒的な支持を得たりと、優秀な企画を立案する背景には、自分と自分の考え方を客観的に振り返る能力、つまり視点を変える能力がキモになるからだ。

そのためには、自分とは違う年代層や性別になりきって考えるという特殊能力が必要なのだ。これは、慣れない人にとってはかなり難しいことのようだ。

例えば、40代の男性に「20代女性の気持ちになって考えろ」と言ったら、多くの人は即座に「無理です。できません」と答え、チャレンジすることも放棄するのではないか。

テレビマンは性別・年代ごとの思考パターンを予測するのが日常業務の一部だ。だから、特に難しいとか簡単とか意識することもなく「たぶん……」と想像を始めるだろう。これは「慣れている」という部分が大いにあるのだが。

ただ、視点を自由自在に変えるスキルを身につけると、ビジネスで非常に役に立つのは間違いない。それだけでなく、日常生活も円滑にいくようになるだろう。人の気持ちになって考えることが習慣になるからだ。

もしも、ほんのちょっとしたことで、別の年代の人の気持ち、異性の気持ちがわかるようになるのだとしたら、やってみる価値はあるだろう。

情報に対してオープンであることの重要性

簡単な訓練方法がある。なんということはない。ただいつもと少し意識を変えて街を歩くだけだ。街を歩くのは誰でもやっていることだろうから、ほんの少しだけ頭の使い方を変えればいいだけだ。

どう変えるのか。それは、「情報に対してオープンになること」である。

どうやら多くの人はそれと反対に、情報に対してクローズドの状態であるようだ。例えば、街を歩くのは移動のためだけ。あまりにも情報があふれかえっているから、無意識のうちに目に入っているもの、耳から入ってくるものをシャットアウトしている。センサーで「刺激」として感知はしているけれど、それを「情報」としては扱ってはいない状態。

見えていても聞こえていても意識の中には入っていない状態だ。このクローズドの状態だと、自分以外の人の関心事にまで理解が及ばなくなってしまう。

情報に対してオープンな状態とは、イメージとしては、食べ物を口の中に入れるのと同じように、情報を目や耳、皮膚に入れていく意識だ。

意識して口の中へ入れた食べ物は、口の中にある間は「熱い」「冷たい」「辛い」「甘い」「美味しい」「まずい」と認識され、評価されるが、あとは意識の外へ行く。必要な養分や水分を腸から吸収して、それ以外の不要なものは排泄される。

同じように情報もとりあえず意識して自分の中に入れるように心がけるのだ。

といっても、大げさなことはまったく不要だ。別にメモをとることも写真をとることもないし、心に刻み込もうとしなくてもいい。ただ目や耳や肌から取り入れようという意識だけあればいい。

あとは体（たぶん脳ということになるのだろう）が勝手に必要なものは吸収し、いらないものは排泄（忘却）してくれる。忘れてしまうようなことは、もともとその程度の重要性しかないということなのだろう。

情報に対してオープンであるか、クローズドであるかによって、結果的に自分の中に残る情報は大きく変わっていく。

それによって、今現在の世の中の姿が、常にアップデートされているのか、それとも更新されずに古い情報のままなのかの違いにもなってくる。

同じ情報からより多くのことに気づけるようになれば、視点を変えるときの手助けにもなるし、発想力も変化してくる可能性がある。

気になったら「意識だけ」でも向けてみる

そのやり方について、もう少し具体的なアドバイスをしたい。大事なのは見えたもの、聞こえたこと、感じたことに一瞬だけ意識を向ける習慣をつけることだ。先ほどの食べ物の例で言えば、口の中でうまいまずいと評価をしたが、そのステップだ。

ほんの一瞬で構わないので、見ている映像全体、映っているものひとつひとつに、意識を向ける。聞こえる音に意識を向ける。そうすると、そこにあるものが面白く感じたりする。あるいは不興に感じたりする。それを続けていると、何か昨日とは違っていることに気づく。

同じ人がいるのに気づき、違う人なのに同じことをしているのに気づく。新しくできたものに気づき、突然なくなったものに気づく。

例えば、渋谷の街を「たまたま」歩くとする。

「ラーメン店がある。あ、以前と店が変わっているな。今度は味噌ラーメンがメイン？　前は何だっけ？　値段は780円から、か。でも食べないかな」、「ファッション店の店頭ディスプレイが秋冬仕様になった。紺色をプッシュしているのか」、「センター街のBGM、アイドルソングで、なんてグループかわからないけど、面白い」、「こんなところに迷惑駐車、○○ナンバーか」、「外国人が並んでいる。鯛焼き屋なのか……」など、こんな具合に目に入るモノを自然に受け入れていくのだ。

歩きながらただ「情報」として受容する。その時に軽く「面白い」、「これ好き」、「イヤだな」などの感想を抱くこともあるだろう。その感想も含めて受け入れるのだ。

もしその後にラーメン店のことを思い出したら「あのとき、渋谷のラーメンをなぜ〝食べない〟と思ったのだろう」と改めて考えればいい。店構えなのか、店名なのか、ラーメン自体なのか、値段なのか。

このように常に情報と「接している」と、いろいろなことが新鮮に感じられる。

クローズドな人でも、今、自分の関心が向いていることには、街を歩いていても、無意識に拾ってくることがあるだろう。

そこで、関心のあるものだけでなく、自分とは関係ないものとしていた存在にも興味を持つようにしてもらいたい。私がやってほしいと思うことは、ただそれだけのことだ。たったこれだけのことで、自分とはまったく違う人たちの気持ちになりきることがだんだん簡単にできるようになっていく。

情報に対してオープンな状態だと、疲れてしまうのではないかと心配する人がいるかもしれない。でも、それはもう慣れの問題だ。現代のような情報過多の時代になる前は、危機回避という意味でも誰もが本能的にやっていたことだと思う。

〈ヒルナンデス戦記⑥〉ブレない企画の徹底でついに〝主戦場〟で勝利

2011年夏。番組開始から初めて迎える夏休みが続く。

8月に入り、世帯視聴率がなんとか形のつく数字まで上がってきた。

「3層は捨てよう。だから世帯は上がらなくても仕方ない。とにかくF1・F2をゲットしよう」――繰り返しになるが、これが私たちの合言葉だった。これは決して世帯視聴率は低いほうがいいという意味ではない。Ｆ１・Ｆ２を意識する中で、世帯視聴率が上がってくれるのなら、それはそれでありがたい。「低視聴率」というメディア上のイメージは、決していい方向に作用しない。だから、「世帯視聴率が上昇」は明るいニュースだった（ただし、まだ『いいとも』の７割程度）。

さて、その優先すべきＦ１・Ｆ２だが、より大事なのはＦ１なのか？　それともＦ２なのか？　という選択を迫られる局面が時々あった。

Ｆ１・Ｆ２どちらも共通して、ＣＭに購買意欲を刺激され、実際に消費行動を起こす傾向がある。ただＦ１とＦ２には平均して15歳の年齢差があるのだから、趣味嗜好は違う。流行に敏感なＦ１は、番組のブランディングには不可欠な年代だ。Ｆ１が見てくれているというだけで新製品の宣伝がしたいスポンサーには大きなアピールになる。

一方、Ｆ２のほうが圧倒的に人数が多いので、スポンサーからの注目度はＦ１に引けを取らない。そして世帯視聴率への貢献度はＦ１よりも断然大きい。

Ｆ１・Ｆ２、どちらもいっぺんにアップしてくれればいいが、求めるものに微妙な違いがある以上は、番組の企画もうまく配分を考えながら、ほどよくバランスをとらなくてはいけない。

私としては「視聴率低迷」という「ディスり」を早く根絶したい気持ちもあり、まずは「どちらかといえばF2優先」を基本にした。優先はするけれども、決してF1を置き去りにすることなく、取りこぼさないようにF1向けのネタもちょこちょこと入れていく。

F1から見て「ダサい、嫌い！」と思われるものは絶対に排除し、時にはF2に避けられるのを計算の上で、F1向けの企画も打っていった。こういう絶妙なバランスというのは、チームで意識を共有するのも難しいが、しっかりと同じ方向に進むことができた。

*

さて、ではF2向きというのは具体的にどのようなものか。まずは「主婦感覚・庶民感覚」だ。子どもの習い事や塾などにお金がかかるようになり、「優雅さ」とか「非日常感」は脇へ置いて、「リーズナブル」とか「コスパ」を重視するようになる。

だからロケの行き先としては、銀座・六本木・沖縄・海外よりも、吉祥寺・浅草・鎌倉・箱根・伊豆・日光などの人気が根強い。

お店でいうと、「衣」ならユニクロ、しまむら、FOREVER21などのファストファッション。「食」ならデパ地下、コストコ、高速道路のサービスエリア、回転寿司、ファミレス、コンビニスイーツなど。「住」ならニトリ、ＩＫＥＡなど。

いずれも「生活に密着」「日常的」というのがポイントで、これらの庶民派ストアのロケＶＴＲはいつも大好評だった。

出演者では、井森美幸さん、森口博子さん、坂下千里子さん、島崎和歌子さんといった当時アラフォー「元バラドル勢」の皆さんの存在感が絶大だった。若い頃から、かわいくてきれいなのに面白いという存在だった彼女たちは、現在もその価値に変化がない。

Ｆ２視聴者にとっては、同年代か少し年上のタレントさんだが、昔から知っているという親しみと、安心して見ていられるという安定感が好感をもって迎えられた。

私から見ても、こちらの思いを確実に形にしてくれるのが頼もしかった。この時間帯の番組であれば、どんなふるまいが必要か。こういうシチュエーションなら、どんなトークが受け入れられるか。まさに酸いも甘いも知り尽くしたベテランの味だった。

初めての夏休みをいい感じで過ごした『ヒルナンデス！』は、さらに数字を伸ばしていた。一方のライバル『いいとも』はあまり芳しくなかった。Ｆ１・Ｆ２、子どもたちが『ヒルナンデス！』に大移動を始めたことが顕著になり、Ｍ３・Ｆ３は『ひるおび！』や『ワイド！スクランブル』に定着している。

そして9月後半に、『いいとも』と『ヒルナンデス！』の世帯視聴率がグッと接近してきた。いよいよ、世帯視聴率での初勝利も遠くなさそうだ。世帯は関係ないと言いつつも、3層を捨てた中でそれが現実となるのは画期的だ。

＊

少し涼しくなって「食欲の秋」。ここで予想以上にハマった企画がある。それは、都心の各百貨店がこぞって開催する「物産展」だ。ここで水卜麻美アナが才能を開花させる。

取材先としては目新しいこともない。たまたまタレントさんのスケジュールに空きがなく、まあここは局アナでいいかなと、安直な気持ちで水卜アナにロケに出てもらった。局アナのいいところは、ギャラが発生しないこと（笑）。普通に社員の給料だけなので、出演すれば出演するほど安上がりになる。

そんな安易な気持ちで送り出した水卜アナだったが、とにかく幸せそうに食べる。こんな幸せそうに食べる食レポはめったにない。もちろん「食レポ上手」のタレントさんはたくさんいるが、彼女の天真爛漫なキャラクターと、美味しそうにバクバク食べる姿にF1・F2層が好反応を示した。

それ以来、「物産展といえば水卜」、「くいしんぼの女子アナ」という愛されキャラが定着した。

日テレは、ある時代から女子アナのあり方を変えた。昔は男性の視点から好感度の高い人を採用する傾向があった。しかし、現在では女性の視点から「嫌味がない」ことをより重視して採用している。水トアナはまさに女性からも愛されるキャラだといえる。

南原さんと並んで番組の顔として堂々と成長した彼女は、『ヒルナンデス！』抜擢から2年後の2013年には、人気女子アナランキングの1位になった。これには起用した私もビックリ！　でも、とても嬉しいことだった。

秋も深まった11月。戦況は確実に変わってきた。

まずは11月中旬のある日、『ヒルナンデス！』は、世帯視聴率で『いいとも』にあと一歩まで迫った。惜しくも初勝利はならなかったが、もう時間の問題だ。

月間平均世帯視聴率も伸びてきて、他局の番組との比較の中で、もう「低視聴率」と呼ばれることもなくなった。

そしてこの11月、F2の月間平均視聴率において、『いいとも』を初めて上回ることができた。真っ向勝負を挑んだ〝主戦場〟で安定的な勝利を収めた。このことが持つ意味は大きい。

この後、『いいとも』は、この牙城を奪還すべく総攻撃をかけてくる。しかし、『いいとも』が終了するまで2年4カ月の間、『ヒルナンデス！』がF2の月間平均で『いいとも』に負けることはなかった。

メモは取らない！　村上流・情報収集の極意

さて、もったいぶってしまったが、このあたりから、私個人の発想法について語っていきたい。

まずは情報収集術である……が、実はさっき紹介した「情報に対してオープンになる」というのがそれである。

私は普段から「ネタ帳」のようなメモは使わない。申し訳程度のスケジュール表を持ってはいる。忘れてしまいそうな些末《さまつ》な用事を書いておくのが目的だ。大事な用事も書き込むが、それを確認することはまずない。

メモ帳っぽいものも一応持っているが、それは打ち合わせのときに相手の人から「私がこんなに大事なことを言っているのにメモも取らないとはなにごとか」と思われることもあるので、「やっているフリ用」。本当に大事なことは頭の中に叩き込んでいる。と、記憶力がいいのを自慢したいというわけではなく、脳は意外と使ってやると、期待に応えてくれるということが言いたかったのだ。

「情報収集」として、インターネット検索も重要ではあるが、それとは別に「普段から自分の生身を使って使える情報を集めてみてはいかが？」という提案をしたいと思う。

目と耳というテレビカメラと、脳というメモリー（記憶装置）を使ってやるのがもっとも効率的な情報収集であり、しかも「使える情報」なのだ。

前述した「情報に対してオープンである」こととは、ずっとカメラを回しながら画像と音をチェックしている状態だと言っていい。超小型で超高性能のカメラ。なんと自動的に編集をしてくれて、不要な部分は捨てておいてくれる。しかも、情報が必要になったら、いつでも脳内で再生してくれる。そんな便利すぎるシステムである。

私は「情報収集をしよう」などとは今まで一度も思ったことがない。ただ好きで世の中を見て回っているだけだ。でも、結果的に脳内には膨大な映像ライブラリができていて、情報収集になっている。

私の体に内蔵された「超小型・超高性能の録画システム」はとてもスグレモノ。でも、誰もが持っているものなので、ぜひ開発してみることをおすすめする。その性能は使えば使うほど上がっていくようだから、今まであまり使ってこなかったのなら、きっと使うことでぐんぐん性能アップしていくだろう。

ちなみに、私のその能力が高まったのは仕事柄であり、当たり前のことだと思っている。なにしろVTRをチェックしてきた量がハンパではない。演出の立場に立って以来、5分くらいのコーナーVTRから3時間の特番まで合わせると1万本以上のVTRをチェックしてきたのだ。数限りなくVTRを見るうちに、全体としてクオリティーの良し悪しや、番組としての統一感について見抜き、画面上に映っているすべてのものについて、不自然なところや、違和感があればすぐに感じるようになる。

それはまさしく自分という装置に情報を通過させるような使い方ができるようにならないと、スピードも品質も追いついていかない。その必要に応じて、性能を高めていくしかなかったのだと思う。

そして、もちろんターゲットの視点、顧客の視点からのチェックも欠かさないのだ。

ただし、同業者でも仕事のやり方、意識ひとつで差はあるものだ。どれだけ厳しい目でVTRのチェックをやってきたかがディレクターの実力に直結する。さらに言えば、「向き不向き」もある。それもまた仕方のないことだろう。

斬新なアイデアはみな「組み合わせ」から生まれる

さて、先ほども言ったように、情報に対してオープンになれば、視点を変えるのが上手くなるし、ほかにもたくさんいいことがある。

それを究めていくことで、さらにアイデアの産出、特に「素材の組み合わせ」で力を発揮できるようになる。

番組作りでいえば、コンセプトに沿って、誰を出演させ、何をやるかといった、コンセプトから面白い番組の骨格を作るためのアイデアを生み出しやすくなるのだ。

「どうすればアイデアが湧くようになるのですか」というのもよく聞かれることだ。

それに対する答えは「湧くようにしているから、湧く」という実に無愛想な答えになってしまうのだ。

どういうことかというと、番組作りであれば、先ほど触れたミッションが決まっている場合、あとはそれに合う素材を組み合わせる作業になる。

流れとしては、誰が出演して、何をするか。それを顧客にどう見せるかという、「見せ方」にこだわって仕上げていく。それによって、ターゲットにとって価値のある番組になっていくのだ。

そのとき、この世の中にない素材を使うことはできないので、今まで自分が情報として知り得た素材を、知り得た並べ方・見せ方で組み合わせて提供するわけだ。

その知り得た情報を適切に組み合わせられるかどうかは、自分の脳内にある映像ライブラリを活用できるかどうかにかかっている。時にはミスマッチな「えっ？　コレとコレを？」というような組み合わせも素材があるからできるのだ。私にとっての発想は以上のような流れで行っているのだ。

さて、ここまでの内容を聞いて、やっぱり職種が違うから自分には参考にならないと思った人がいるかもしれない。でも本当はそうでもないはずだ。どんな職種であっても、まずミッションがあり、それを達成するための本質に迫ればおのずと決まる形がある。あとは自分の知っていることや、経験したことを組み合わせて素材を使って肉付けをしていく。

その流れは、多くの職種で当てはまると思う。そこで、役立つ情報を使える形でどれだけ持っていて、いかに適切に情報を引き出せるか。

であれば、目と耳と皮膚を使った「五感ライブラリ」を作り、活用できたら便利だと思う。テレビマンだけでなく、すべての人にとって有用だろう。

徳光&江川、加藤&テリー伊藤……組み合わせの妙で生まれる化学変化

組み合わせの大切さを伝えるために、いくつかの例を紹介したい。

組み合わせを考えるとき、まずは素材の持ち味を十分吟味することが大切だ。その持ち味を何かにぶつけてみて、どう変化するのか。それが基本的な「遊び方」である。

1996年から総合演出に就任した、日曜朝の情報番組『ザ・サンデー』は、徳光和夫さんがMCでニュースや芸能情報、スポーツを扱っていた。ライバルは今なお続く『サンデーモーニング』（TBS）で、視聴率はあちらが15%、こちらが10%という感じだった。

当時、徳光さんはキャラチェンジを模索中で、以前からの番組首脳スタッフは、長年担当していた『ズームイン』で染み込んだ巨人カラーを薄めたいという意向があった。

しかし、それでは徳光さんの持ち味を殺してしまうと思い、私はあえてスポーツコーナーをほぼ「ジャイアンツコーナー」にして、徳光さんの巨人への愛をダダ漏れにしてもらう

ことにした。

ただ、それではちょっとしんどいところもあるので、クールな江川卓さんにも登場してもらい、〝ファンの勝手な思い込みVS元選手の一歩引いた冷めた目〟という構図で語り合ってもらうことにした。

この組み合わせの妙は、かなり面白いものとなり、例えば長嶋茂雄監督（当時）の思いはこうだったに違いないと熱弁を振るう徳光さんに対し、あれは単なる采配ミスじゃないかと突っ込む江川さんといった具合だ。その論争の内容を、そのまま監督や選手にもぶつけて検証したりもした。こうして「江川VS徳光激論バトル」という人気コーナーが生まれた。やがて生放送中に長嶋監督が生電話をかけてきたりして、大いに盛り上がったのだ。

まず、持ち味は持ち味として大事にするのが一番。そして、反対の特徴を持った人同士を組み合わせると、バランスが取れたり、むしろ混乱して面白さが生まれたりする。

番組後半がジャイアンツ一色となった『ザ・サンデー』は、当時ジャイアンツの中心にいた松井秀喜、清原和博といったスター選手たちにも恵まれて人気爆発。ライバルを置き去りにして、20％オーバーもたびたび記録したのだった。

同じような例が、『スッキリ!!』スタート時の加藤浩次さんとテリー伊藤さんのコンビ。

この組み合わせは私が考案したのではないが、「狂犬キャラ」と呼ばれつつ、実はクレバーな加藤さんと、エキセントリックな爆発力があるテリーさんを組み合わせたナイスカップリングだった。

ところが、番組スタート時は、主婦層に向けた朝の情報番組ということで、スタッフは加藤さんには「中庸」でいてほしいと頼み、テリーさんにはあまり暴れないようにと釘を刺していたというのだ。

スタートから1年経っても視聴率が伸び悩み、私が総合演出を担当することになった。加藤さん、テリーさんの持ち味を活かすために、お二人にはニュースや情報がひととおり終わった9時台については、もうバラエティ色全開で、好き放題やってほしいということにした。

少し抑え気味の二人と、弾け飛んだ二人。時間帯によって変化する組み合わせの妙がウケて、こちらもライバルに視聴率で勝てるようになったのだった。

発想力が広がる街歩きでの「つぶやき」

私がどのようにライブラリ作りを行っているか、もう少し語りたい。しつこいようだが、私は情報収集をしようとか、素材を集めようとか、そういう意識はまったくない。番組制作に役立つからとか、世の中のトレンドを調べようとか、そんな気持ちもさらさらない。

あくまでも好きなものを好きなように見ているだけだ。そこはテレビマンの幸せなところかもしれない。例えば、金融商品を開発する人であれば、やはり専門的な見聞を深めなければならないだろうし、その他の職種でも、「好きなものを好きなように」だけでは済まないだろうから。

それでも、職種上必要なこと以外も自由に好きなように見て回ることは大切だと思う。顧客視点を身につけたり、斬新な発想、組み合わせの妙を考案したりする源になる可能性はある。

私の場合は、ショッピングモールにも行くし、スーパーにも行くし、アウトレットにも行く。100均を見て回るのも好きだし、最近増えてきた「3COINS」(300円ショップ）に行けば、100均との商品の違いが面白い。

本屋も大好きだ。大型書店に行けば、幼児書のコーナー以外はくまなく見て回る。新書一覧を見ては、「ああ、これは買ってなかったな」とか、月刊誌を見ては「ああ、今はこういう見出しか」とか、心の中でつぶやきながらくまなく見ていく。

家電量販店はそんなに好きではないが、行けば必ず上から下まで見て回る。ときどき売り場がガラッと変わっていることに気づくのも楽しい。

本当になんてことはないのだ。「へー、面白い」、「あー、つまんない」その程度の感想を心の中でつぶやきながら見て回るだけだ。

言うと驚かれるが、「FOREVER21」にふらりと入って、「あー、若い女性たちはこういう服が好きなのか」と見て回ったりもする。

繰り返すが、仕事のためという意識はまったくない。ただ好きでやっている。結果的に番組作りに生きることは多いが、それはあくまでもたまたまなのだ。

つねに〝いたずら天使〟の視点を持っておく

本章の最後になるが、企画には「面白さ」の要素を入れることをおすすめする。

テレビ番組の企画だけの話を言っているわけではない。飲食店の新メニュー開発でも、金融商品の企画でも、調査研究の企画でも、特定詐欺被害防止キャンペーンの企画でも、外交防衛政策の企画でも……。とにかくどんな大真面目な企画でも、「面白さ」という要素から見直しても決して悪いことはない。不謹慎だと思ったら採用しなければいいだけのことだ。

面白さの視点を取り入れる方法は、「〝いたずら天使〟の視点」だ。真面目なことが大嫌いで、いつもふざけてばかりいるいたずら天使が、その企画を見たら、なんと言うか。どの部分について「つまんないの！」と言うだろうか。

もしもほんの少しだけでも笑えるような要素を盛り込むとしたら、どんなことができるだろうか。そういう視点で企画案を見直すのである。

絶対に「おふざけ」が許されないような企画だったとしても、何かこっそり遊び心を忍ばせることはできないだろうか。

真面目に頑張るという要素と、楽しんでやるという要素を並行できないだろうか。目くじらを立てるようなことの中に、ホッとするような笑いを盛り込むことで、誰かがハッピーになれるのではないか。

寂《さび》れたローカル鉄道駅の駅長にネコが就任した「たま駅長」。取扱商品のことだけでなく、学生生活や人間関係についての質問にも答えつつ、売り場の商品をPRした「生協の白石さん」。多忙な公務の合間に一般フォロワーからの投稿に返信して戯れる河野太郎氏のツイッターなどなど。ちょっと場違いな感じもあるが、遊び心・いたずら心のおかげで人々が「面白い」と感じ、にぎわいを生み出すケースは意外と多い。

できることなら、そんな視点で企画を作りたい。できないときは王道を歩めばいいが、少しでもいたずらできるスキがあれば、そっと仕込んでおこう。誰も気がつかないかもしれないけれど。私はそんなことをこの章のラストに伝えたかった。これが私らしい企画の発想法だからだ。

「遊び心」を仕事に生かすコツ

〝いたずら天使〟的な視点から考えた番組企画の例をいくつか挙げて本章を終わる。

２００２年当時、総合演出を担当していた『ザ・サンデー』では北朝鮮関係のニュースを数多く取り扱った。拉致問題の大きなターニングポイントとなる日朝首脳会談が開かれる年だったから注目度が高かった。北朝鮮のテレビ映像からニュース素材を見つけることも多かった。そんな中、北朝鮮のテレビには、どう考えても笑ってしまうものが結構あった。状況としては非常にシリアスなので、『ザ・サンデー』でそれを紹介するのははばかられた。

そこで、同時期に担当していた深夜番組『ブラックワイドショー』で、張り付いたような笑顔で歌う少女たちや、大真面目な顔で炎に突撃する兵士たちの映像、少年少女が妙な腰使いでクネクネと揃って踊る「律動体操」など、「笑えるネタ」として放送した。これなどはいたずら心から出た企画だ。もっとも『ブラックワイドショー』という番組自体、「第三惑星放送協会」なる架空の放送局がインチキニュースを読み上げるという、いたずらのような番組であったが。

情報番組の『スッキリ!!』では加藤浩次さんに「段ボール肉まん」を食べてもらったことがあった。番組は8時から始まるが、NHKが朝ドラをやっている8時15分までは視聴者が少なく、朝ドラが終わると大量の視聴者が移動してくる。そこで、冒頭には軽めの小ネタ、くすっと面白いネタ、ちょっと感動的な話などを持ってくるようにしていた。その15分は、ちょっと「遊べる」時間帯だった。

当時、中国の食品工場で段ボールを材料に混入した肉まんを作って売っていたという変なニュースが飛び交った。これを面白く伝えるために、いたずら心で実際に段ボール入りの肉まんを作って加藤さんに食べてもらうことにした。加藤さんは一口食べて「こんなの食えるか!」と、狙いどおりに面白おかしくまとめてくれた。

ところがこの話には続きがあって、もとネタだった中国のニュース自体がフェイクニュースだったという続報が入ってきた。それを受けて加藤さんが「俺はなんのためにあれを食ったんだ?」と、ひとつのネタで二度笑えるというおいしいオチがついたのであった。

TEAM

第４章

ついに最強のライバルを倒す

——最後に差がつく「チーム力」の高め方

〈ヒルナンデス戦記⑦〉「兵糧攻め」というフィニッシュホールド

『いいとも』の名物といえば、オープニング直後の「テレフォンショッキング」。放送開始当初はビッグゲストが登場して話題をさらったが、その後はさまざまなゲストがドラマ、映画、舞台、コンサート、イベント等の「番宣」のためにやってくる形で定着した。

豪華なゲストが登場しても、最後に出演ドラマの宣伝が始まると、「なあんだ、番宣か」とシラけてしまう視聴者もいるだろうが、実際にはそれで興味を持って、ドラマを見てくれる人も多い。局が力を入れて制作したドラマや映画は、なんとか成功させたいから、特にターゲットであるF1・F2が数多く見ている番組で告知することは非常に大切だ。もちろん、『いいとも』にとってもビッグスターがゲストとして出演してくれるのは大きなメリットで、相乗効果をもたらすものだ。

それまで日テレ昼の帯番組は、残念ながらF1・F2への影響力が乏しかったため、『いいとも』のように効果的な番宣ができていなかった。しかし、今やその時間帯のF1・F2は『ヒルナンデス！』がリードするようになった。状況は変わったのだ。

２０１１年11月。日本テレビでは松嶋菜々子さん主演のドラマ『家政婦のミタ』が大ヒットしていた。初回、２回目、３回目と、回を重ねるごとにグングン視聴率が上がった。「承知しました」と無表情に言う決めゼリフを、小学生がマネするくらいのブームになりつつあった。これは、『いいとも』流の相乗効果を期待して、『ヒルナンデス！』も便乗させてもらうしかない！――そう思い、『家政婦のミタ』の大平プロデューサーに連絡し、相互協力を取り付けた。

『ヒルナンデス！』で、今話題の『家政婦のミタ』の名場面、今後の見どころ、ちょっとした裏話などを毎週紹介した。狙いは当たり、『ヒルナンデス！』の視聴率はアップ。『家政婦のミタ』の視聴率はというとその後も上がり続け、最終回はなんと40％というとんでもない数字を叩き出した。それもすべて『ヒルナンデス！』のおかげ……などということはないけれど、多少は貢献できたはずだ。

２０１１年12月。『ヒルナンデス！』はＦ２では安定的に『いいとも』に勝てるようになっていたものの、Ｆ１では勝ったり負けたりが続き、月平均ではまだ僅差で『いいとも』がリードしている。だから、「Ｆ１・Ｆ２をゲットせよ」という戦略はまだ半分しか達成できていなかった。

また、戦略的にはそれほど重視していなかった世帯視聴率だが、こちらも『いいとも』に肉薄はしてもまだ1回も『いいとも』に勝ったことがない。時間の問題とは思っているが、「その時」がなかなか来ない。こうなると意識しなくていいはずの世帯視聴率も強く意識するようになってきた（笑）。だからといって、F3層を取りに行くというようなことをしたわけではない。あくまでもF1・F2に最適化した番組を平常運転で続けながら、「結果として」世帯視聴率でも『いいとも』に勝つ日を待っているだけだ。

12月半ばのOAでついに、世帯視聴率で『いいとも』と同率で並んだ。並んだけれども、追い越す日は来ないまま、2011年は終わっていった。しかし、ジリジリと上げてきた『ヒルナンデス！』と少しずつ下がってきた『いいとも』。差はほとんどなくなっていた。

＊

2012年1月半ばの火曜日、ついにその日が来た。世帯視聴率で『ヒルナンデス！』が『いいとも』に勝ったのだ。スタッフ全員、喜びに沸いた。特に先陣を切った火曜日チームはついにやったという達成感に満ちていた。

私のところにも社内各部署の人からお祝いメールが届いた。みんなが喜んでくれるのはうれしかったし、自分自身もじわじわと喜びがこみ上げてきた。しかし、喜ぶスタッフを眺めながら、まだ何も達成していない、ミッションはまだ先にあると思っていた。

確かに『いいとも』に初勝利した記念すべき日ではあるが、同じ日、『ひるおび！』と『ワイド！スクランブル』は、『ヒルナンデス！』よりも高い視聴率をとっていた。つまり、『ヒルナンデス！』は3位で、『いいとも』が最下位だったのだ。しかし、流れが我にあるのは確かだ。翌日の水曜日も『いいとも』に勝利した。

このまま一気に行くのかと思いきや、その後はまた『いいとも』が連勝。まあ「世帯」は主戦場ではないのだと自分に言い聞かせる。

『ヒルナンデス！』の世帯3勝目は、2月上旬の火曜日。しかもこの日は番組開始以来、最高の視聴率をマークし、ライバルたちをすべて押しのけて初めて時間帯1位になった。『いいとも』に初勝利したときよりも、ずっと誇らしい気持ちだった。

初勝利、そして時間帯1位の3勝目も火曜日チームがもたらしたもの。これはライバル番組の出来など偶然の要素もあるが、クリエーターたちの企画がハマったのも大きい。火曜のウリは、「格安コーデバトル」。普段の冴えない服装をプロのコーディネートで変身するといったファッション企画は主婦向け番組には古くからある定番だが、従来は夢のような高い洋服に身を包み、本人と家族が感動するというものが多かった。「格安コーデバトル」

では、ゲーム性を取り入れ、アラフォーの著名人と現役の「助っ人モデル」がチームを組んで、2チーム対抗バトル形式で制限時間内でコーディネーションのセンスを競う。ポイントは、ファストファッションやアウトレットモールなどの視聴者にとっても身近なお店で、格安な上限金額（多くは1万円台）を設定していること。洋服選びの際に、最新流行の情報や、格安アイテムでもちょっとした工夫でおしゃれに見せるコツなどが散りばめられているのがウケた。服を着る人（F2）とコーデをアドバイスする人（F1）というのも番組コンセプトにフィットした。

『ヒルナンデス！』躍進の原動力となったファッション企画はもうひとつある。金曜日の「3色ショッピング」だ。こちらもアイテムを購入するお買い物ゲームだが、若手モデルからアラフォータレントまでさまざまな年齢の4人で争う。予算、時間、色が制約され、さらにあみだくじなど「運」の要素もあって、なかなか買いたいものが買えない、早くクリアして勝ちたいけれど、思ったとおりのオシャレな姿にならない……というジレンマが面白さになっている。やはり身近で格安のお店で、一工夫というところが人気の秘密だ。

各曜日のチーフがゴールデンタイムのバラエティ番組で培ったノウハウを、巧みに応用して次々と人気コーナーを生み出した。

昼の番組というと、3層と主婦層しか見ていないというイメージがあるだろうが、実際にはさまざまなシチュエーションで視聴されている。特に12～13時のお昼休みは、職場、飲食店などで見られている。こういう場合、それこそ「視聴習慣」でチャンネルが決定するのだが、それを決めるのは「世論」だ。職場であれば、誰かが「『ヒルナンデス！』に替えてもいい？」と言い出すこと、飲食店であればお客さんが「『ヒルナンデス！』に替えて」と言わないと替わっていかない。2012年の2～3月頃は、『いいとも』から『ヒルナンデス！』へ世論が移っていくのが実感できた。

＊

当然、『いいとも』側は焦っていたようだ。前年秋にF2の視聴率トップを奪われて以来、その座を奪還することができていない。こうなると私たちの狙いどおり、スポンサー企業は『いいとも』より『ヒルナンデス！』にCMを流したいと考えるようになる。たとえF2視聴率の差が小さくても、新しいものに敏感な人たちが『ヒルナンデス！』に移動しているという事実は重い。しかもその差は拡大傾向にある。視聴者とともにスポンサーが移動するのは間違いない情勢になっている。

そんなとき、フジテレビ内部で『いいとも』の「F2に向けた企画の強化」を図る動きがあるという情報が入ってきた。おそらく上層部の指示だったのだろう。

長らく『いいとも』に天下をもたらしてきたF2の圧倒的トップシェアを失い、CM売上の減少が現実的になった。焦らないわけがない。絶対にF2のシェアを奪い返すという気合が伝わってきた。

実際、『いいとも』は番組の内容を大幅に変えてきた。純粋なバラエティ番組から、情報バラエティといった感じに、つまり『ヒルナンデス！』に寄せてきたと言える。身近な衣食住の話題、例えば「お得なファミレス活用術」、「駅弁のプロ登場」、「最強からあげ」といったもので、確かに力を入れてきたのは伝わってきた。ただそれは私たちが極力避けている「無理な瞬発力」に感じられた。おそらく、短期的に結果を出さなければならないという危機感がそうさせたのではないか。

ライバルの焦りを見て取ったことで、私はかえって「よし、これでいいんだ」と自信を深めることができた。たとえ『いいとも』に反撃されても、こちらは慌てず騒がず、これまでと同じスタンスで走り続ければいい。油断することなく、やるべきことをしっかりやっていけばいい。

私の頭の中に「兵糧攻め」という言葉が思い浮かんだのはこの時だった。

「『いいとも』を倒せ」とは、『いいとも』を終わらせること。F1・F2の高い支持と、それに裏付けされたCM売上という『いいとも』の命脈を絶たれれば、何が起きるか。『いいとも』の人気を支えているスター出演者たちのギャラが支払えなくなる。最大の強みであった豪華レギュラー出演者が、逆に最大の弱点となり、運営が立ち行かなくなる。

それはまるで城への食糧補給を断たれる「兵糧攻め」のようだ。まだしばらく時間はかかるかもしれないが、最後はきっと籠城しきれなくなるだろう。

＊

2年目を迎えた『ヒルナンデス！』は、森三中とSHELLYさん、小島瑠璃子さんという女性好感度の高い新メンバーをレギュラー陣に迎え、出演者のパワーが強化された。

森三中がロケに出ると、3人の仲の良さ、仲間と一緒に楽しく過ごしているという感じが画面ににじみ出る。親しみやすさにも独特のものがあり、躍進に貢献した。

2012年4月、F1の月間平均視聴率で『いいとも』を上回った。F2制覇から半年遅れたが、ついに「F1・F2をゲットせよ」という戦略が揃って形になった。そしてそれ以降は、F2同様、F1の月間視聴率も『いいとも』終了まで時間帯トップをキープしたのだった。

2012年、2度目の夏休みも前年に引き続き、いい感じで過ごすことができた。この時期のポイントは、ファミリーを獲得すること。C・Tの層に見てもらうことだ。遊園地やテーマパークを紹介するロケ企画や、炎天下につるの剛士さんたちが鎌倉海岸を延々と歩くロケなどが好評を博し、C・Tの視聴率が前年よりもさらにアップし、『いいとも』に圧勝した。狙いどおり、子育て世代をまるごとゲットできた。

変わったところでは、「オリジナルCM」が制作されることが決定した。『ヒルナンデス！』のセットを背景に、久本雅美さんやSHELLYさんら実際のレギュラー出演者が洗顔せっけんや入浴剤、洗剤などの商品のPRをする。あらかじめ撮影したものだが、画面の雰囲気は生放送っぽいので、いつものCMに比べて特別感があり、CMタイムだからとチャンネルを替えられるのを防ぐことができる。それはスポンサーにとって大きなメリットだ。また、出演者には別途、出演料が入るし、テレビ局にもその分の制作費がスポンサーから入るというメリットがある。

スポンサー企業とのCM契約は、年に4回ある改編期に大きく動く。夏の頑張りが、10月放送以後の売上に影響を与えるのだ。夏以降は営業局から、スポンサーの動きが活発になっているという情報がたびたび入るようになっていた。

そして秋が近づくにつれて、『いいとも』に広告を出していたスポンサーが相次いで『ヒルナンデス!』に移ってきたという知らせが届くようになった。

チームの基本は「宮崎駿と鈴木敏夫」

この章では、結果を出せるチーム作りについて述べる。本書では、終始一貫、テレビ制作の現場のやり方が意外と機能的であり、さまざまな業務に応用できる汎用性もあることを書いているが、チーム作りもまたしかりだ。

これもまた、常に結果を出すことを求められるがゆえに、機能向上と効率化が図られて進化しているのだ。

テレビ番組制作の現場ならではの特色もあり、はじめにそれを知っておいてもらったほうがいいかもしれない。

第1章でも述べたが、日本テレビの場合、番組制作に携わっている人たちは、大きく分けると2種類の系統に分けられる。ひとつは演出、もうひとつはプロデューサーだ。

『ヒルナンデス!』のような大所帯になると、演出系は、総合演出、チーフディレクター、

ディレクター、アシスタントディレクター（ＡＤ）、デスクなどで構成される。プロデューサー系は、チーフプロデューサー、プロデューサー、アシスタントプロデューサー（ＡＰ）などで構成されている。

簡単に言ってしまうと、演出系がクリエイティブ担当で、プロデューサーが後方支援担当だ。これには適性があると思う。番組作りを志すテレビ局社員は、演出系なのかプロデューサー系なのか決める時が来る。

だから、極論すれば最小単位は２人組。演出とプロデューサーだ。それは、スタジオジブリの宮崎駿と鈴木敏夫、ホンダの本田宗一郎と藤沢武夫、阪神タイガース（中日ドラゴンズ）の星野仙一と島野育夫のような関係性だ。

前面に出て活躍する人と、それを裏方として支える人によってチームができているというのが特色だ。テレビの場合、その２系統がそれぞれピラミッド型に組織を作って、機能的に動けるようになっている。

このような仕組みは、業種によって多少は異なるだろうが、同じような形が多いはずだ。営業とか商品企画といったある意味で攻撃的で派手なセクションと、それを支える総務、経理といったスタッフワークという構図である。

この派手と地味の2系統の息がピッタリ合っていると、お互いに感謝しあって、気持ちよく仕事が進んでいく。逆にここがギクシャクすると、「売り方が悪い」、「いや商品力が弱い」、「それはお前の仕事だ」、「冗談じゃない」、「ふざけるな」……と、最悪な状態に陥っていく。

テレビ番組制作スタッフのもうひとつの特徴は、テレビ局社員と外部の制作会社の人員が、渾然《こんぜん》一体となってチームを構成していること。

テレビ局社員は、いわゆる幹部候補生であり、制作の現場では少数派である。中堅、ベテランになると当然のように大小のチームを束ねる役目を担っていく。若手までは修業の身であり、外部スタッフである制作会社の社員と一緒に仕事をこなしていく。

番組制作の現場で使われているチャン付けの呼称（例：村上チャン）だが、実はよくできていて、社員と外部、年齢、仕事を教える側、教えられる側といった生々しい上下関係を巧みに中和しているのだ。まあ本当は外部の人でも年上なら「村上」と呼び捨てにしてくれて何も問題ないのだが、そのあたりは気を遣うのだと思う。

今後、あらゆる職種で外国人材が増えてくることが予想される。またあらたな複雑な関係が生まれるかもしれず、意外とチャン付けが普及していくかもしれない。

人間関係に悩まないチーム作り

個人の力でなんとかなるなら別だが、いいチームに恵まれるかどうかは重要だ。しかし、それは運任せで待っていればいいというものではない。

いつか自分がチーム編成の中心になることを予想したのであれば、自分なりにチームを準備しておくのも重要なことなのだ。

先述したように、番組の総合演出は、プロ野球の監督に似ている。初めて監督になる人を見ていると、球団主導の「組閣」でちょこんと監督に据えられるケースと、主要コーチとして「仲間」を連れてくるケースがある。後者の場合、いつか自分が監督をやるときには参謀として来てほしいと、前々から約束していたのだろうなと見て取れる。

私の場合も、どちらかというとそんな形を目指していたので、ミッションが来たときにはある程度の希望を出したりする。戦いの前からチーム作りをしていたのだ。

番組制作という職場の人間関係は、なかなか一口で言い表せないものがある。結果が端的に出るので、常に評価にさらされる。圧倒的な実力社会であり、そこには嫉妬もあれば、好き嫌いもある。

私も若い頃からこの世界にいて、「人としてなってない」と思う人にも出会ったし、「この人との仕事だけは勘弁してほしい」と思うこともあった。

そんなときに思ったのは、こんな気持ちを味わわなくて済むように、力を認めてもらい自分のやりやすいチームで仕事ができるような立場になろうということだった。

なんの業種でも変わらないだろうが、放送の世界は時間に厳しい。遅刻や納期遅れイコール放送事故という世界だからだ。限られた時間の中で、すぐに数字となる結果を出さなければ「残念な仕事」と評価される。結局、気分ノリノリで楽しく仕事をすることが効率よく進めて、品質を上げる近道だとわかっている。人間関係でそれを邪魔されているような暇はないのだ。

出世欲より反骨精神を刺激する

この本では「戦い」をテーマにしているものの、私自身は好戦的でも怒りっぽい人間でもない。ただ、対抗心というのは昔からあった。私たちの時代はまだまだテレビ局にはコネクションを頼りに入社してきた人が結構いた。どこぞのお坊ちゃまであったり、かの有名企業の息子であったり、そういうのが珍しくなかった。

こっちは県立高校から地方の国立大学を出た庶民のせがれ。負けたくないという思いだけでやってきたというのは大いにあった。出世欲というよりも、誰よりも面白い番組、人気のある番組を作ってやろうという思いだ。

だから、自然といずれ自分がリーダーになったら、こういうチームを作りたいという考え方をするようになっていた。それはそうだ。経験を積むにつれて、いい結果を残すことと、いいチームでやることはほぼ同じだとわかっていたから。

リーダーを目指す人、より大きなプロジェクトを目指している人は、ミッションが下ったときには、戦えるように準備しておくことが重要だ。

チーム作りは最初の制度設計がすべて

チーム作りにおいても、「一点突破4ステップ」は活用可能だ。特に最優先なのは、ミッションクリアに忠実であること。つまり、チームは目標達成への最適解でなければならない。私はこれを「制度設計」と呼んでいた。システム作りでもいい。とにかく、ミッションが中心にあって、それを周囲の人間が回していく仕組みが大事なのだ。

『ヒルナンデス！』のチーム作りは、まさに制度設計が上手くいった。

Ｆ１・Ｆ２をゲットするという一点突破の戦略を決定し、チームの人選もそれがよりやりやすくなるように徹底させた。

女性スタッフもできるだけお願いしたし、価値観の理解に問題がありそうな、むさくるしいだけの男性スタッフはノーサンキュー。それは発足前の極秘プロジェクトにおいても、人材を確保してくれる制作会社のほうにも徹底をお願いした。

企画のベースとしてダサいこと、やかましいことは絶対ＮＧ。自分たちのやりたいことではなく、主婦層が喜ぶことだけで構成する。こうした基本コンセプトへの理解力が高い人、対応が可能な人だけを集めた。

人員の配置が決まり、プロジェクトリーダーとして次の重要な仕事は、「業務の制度設計」だ。

『ヒルナンデス！』という番組の本質を問うたとき、チームの大きさがリスクになる可能性は否定できない。私の狙い、こだわりがチームの隅々にまで浸透しなければ、ほころびになってしまう。

『ヒルナンデス！』チームは、各曜日チーフの下に、ディレクターとADが7〜8人ずつ。それが5曜日あるのだから、演出系だけでも約50人の大所帯だ。

曜日チーフは、『ぐるぐるナインティナイン』の「ゴチになります！」の担当や、『おしゃれイズム』の担当など、それぞれが大きな番組で演出をしてきた一国一城の主たちだった。当然、それぞれが培ってきた番組の作り方があり、一種の文法を持っている。それを『ヒルナンデス！』のレギュレーションに統一し、さじ加減を共有する作業が必要だった。そこにはとにかくこだわり、徹底した。それさえ整えば、さすがに第一線でやってきた精鋭だけあり、しっかり統一感のある番組作りが「勝手に」できるようになった。

人望がないリーダーの共通点

最初が肝心といえば、「言うべきことが言える」という立場を確保しておくことも非常に重要だ。

それは、ストレスを溜めないように言いたい放題言えるという意味ではない。あくまでもミッションを達成するために、上層部に対しては必要な主張はできるように、部下に対しては小さなことでも指示できるようにするという意味である。

会社にはいろいろなことを言う人がいる。後ろ盾になってくれる人もいれば、その人のライバルもいる。肝が据わった人もいれば、心配性の人もいる。必ずしも一枚岩ではないが、総崩れしない体制という意味ではそれもいいかもしれない。

『ヒルナンデス！』がスタートしてしばらく、世帯視聴率が低空飛行をしていたとき、上層部の取締役から呼び出しがあった。本当に大丈夫なのか説明してほしいという。

当面、世帯視聴率ではなくＦ１・Ｆ２をターゲットにしていることの確認、細かな修正を加えながら、当初の狙いどおり、Ｆ１が反応していることを説明した。

正直なところ、もう少し社内的な情報共有をうまいことやってほしいとは思ったが、少なくとも欠席裁判であれこれやられるより、説明の場を作ってくれたのはありがたい。

若い頃からいろいろなリーダーを見てきたが、人望がないリーダーの共通項は「人に対して弱い」ことだ。上層部にはカラッキシ無力で言いくるめられ、部下には細かいことはおろか、ミッション達成に向かうためには絶対に伝えなければいけない重要事項ですら言えない。言えない理由はわからないが、嫌われたくないとか、良く思われていたいとか、そういった一時的な気分によるものだったに違いない。

上層部に対して意見をするというのはなかなかやりにくいと思っている人が多いが、ミッション達成という目的を共有できれば、言わなくてはいけないことなら躊躇《ちゅうちょ》なく言える。決して言いくるめられないという勇気が湧く。

部下に対しても絶対に成功させたいという思いが共有できていれば、一時的に煙たがられても、理解してもらえる。

ミッションに対して誠実かどうかを第一に考えればできることだ。

年上部下、古株社員、ベテラン職人……をどうまとめるか

これまた「最初が肝心」という話なのだが、強烈に印象に残っている思い出がある。

朝のワイドショー『ザ！情報ツウ』（『スッキリ!!』の前身）開始2年目のテコ入れで、総合演出を担当することになった。

第1章でも少し触れたが、この経緯にはちょっとワケがあり、前任の総合演出がまったくチームを掌握できず、結果として視聴率低迷、もはや「学級崩壊」のような状態をきた

してしまった。

そこで立て直しを図るために、私が指名されたのだ。当時、総合演出を務めていた日曜午前の情報番組『ザ・サンデー』が絶好調だったので、上層部からは「『サンデー』みたいな手法を取り入れて」という注文が入った。この「『サンデー』みたいな手法」が何を意味していたかはいまひとつわかりかねたが、『ザ・サンデー』ではVTR1本1本のクオリティーを高めるために、担当ディレクターと入念な打ち合わせをして、構成チェックを行ってきた。それが番組の面白さにつながったと自負していた。

「いやいや、『サンデー』は週1回の放送だからできるのであって、『ザ！情報ツウ』は毎朝ですから無理です」と答えると、「まあ、そうなんだけど。そこらへんはうまいことやってよ」と、わけのわからない言葉で丸め込まれた。

今思い出しても危機的な状況だった。現場のディレクター陣は、前任者への不信感でいっぱい。『ルックルックこんにちは』の時代からやっているベテランが大勢いる中、まさに落下傘で降りてきた38歳の総合演出である私。

『ザ・サンデー』を同時間帯で視聴率1位に引き上げたといってもデイリーの番組はやったことがないんだろう？　といった、お手並み拝見とも、まずは様子見、ともとれる空気が流れていた。

こちらとしても総合演出としてやるからには、自分のやりたいようにやれなければ意味がない。

そこで取った手法は、まさに上層部が言ったとおり『ザ・サンデー』と同じことだった。ただし、物理的に全部のＶＴＲをチェックすることはできないが、すべてのディレクターが取材先から帰ってきて、彼らがＶＴＲの流れを書くまで待ち、ペーパーでの内容チェックを終わらせるまで局にいた。事件リポーターの阿部祐二さんは、関西に取材に行けば最終の新幹線まで粘って取材してくるが、もちろんそれも待った。

結局、毎日夜中の1時半、2時までいて、一旦帰宅し仮眠をとって、5時半には局に戻りオンエアに備えた。実質睡眠時間は2時間ほど。そしてオンエアが終わると、翌日の打ち合わせや指示を出して、午後に2時間ほど近くのホテルで仮眠。これを週5で半年間続けた。

2週間もすると、さすがの古株ディレクターも「そこまでやるんですか」という感じになってきた。これはとんでもないヤツが来たぞ――ビビる気持ちが伝わってきた。

こちらとしては、そこで一切ひるまず「やるんだよ」という強い空気を発しながら、気に入らないＶＴＲには容赦なくダメ出しした。

「面白くないから、やり直して」と言い放っても、そこまで身を削っている人に言われたら、やらないわけにはいかない――となってきた。

絶対に面白い番組にして、視聴者を取り戻すんだという私の本気が伝わり、チームを完全に掌握できたのだった。

もっとも、現在ではこのやり方はもうできないだろう。このような「勤務形態」を、会社が、そしてそれ以上に社会が許すことはないだろうから。

「うるさく口を出す」仕事と「任せきる」仕事の境界線

世の中にあるさまざまなプロジェクトチームのうち、帯番組の制作チームほどデイリーでＰＤＣＡ（Plan-Do-Check-Act）サイクルを回すために適した形態はないのではないか。

私が『ヒルナンデス！』の総合演出を務めていた当時、そう思った。

各曜日チーフは、ひとりひとりが週１のレギュラー番組を監督できる実力があったので、私は安心して制作に関する全権限を委譲できた。

番組全体としてのクオリティーを高め、早くミッションをクリアするために、私と各曜日チーフは、常に綿密な打ち合わせで意思疎通をはかっていた。

当時私が注意していたのは、指揮命令系統を守るということ。私からの指示はあくまでも曜日チーフにだけ伝え、そこから先のスタッフ統括は曜日チーフに完全に任せた。曜日チーフの指揮権に介入することは越権行為だと自分を戒めた。

もしも曜日チーフに任せたはずのことに対して、「任せられない」という態度をとれば、必ず萎縮し、実力が存分に発揮できなくなる。そこは全面的に信頼するしかない。

各曜日チーフに任せたからこそ、私は全体の大きな方向性をミッション達成に向けることに集中でき、新しい戦略を考えたり、情報の分析を行うことに専念できた。曜日チーフは、それぞれのバックボーンや個性をいかんなく発揮して、統一ブランドをキープしながら、オリジナリティあふれる曜日コンテンツを作り上げた。

管理面を担っているプロデューサーチームとの信頼関係も円滑だった。管理セクションを統括し、私たち演出系チームがやりやすいように後方から支援してくれた。

チームをつなぐ絆は信頼関係以外あり得ない。どなりつけるような強権政治もいらないし、過剰に褒め合って承認欲求を満たすという昨今流行の人事システムもいらない。各曜日ごとにライバル心を持ちながら、ミッションに向かって、協力していい仕事を続けていくことが最大のモチベーションであった。

才能あふれるメンバーが集まった『ヒルナンデス！』チームに守り立てられ、私はプロジェクトリーダーとして大変恵まれた環境にあったと思っている。

もしも、皆さんのプロジェクトチームに応用できる要素があれば、ぜひ参考にしてもらえたらと思う。

若手は「打席」に立たせて育てる

『ヒルナンデス！』では総合演出という立場だったので、私自身はメンバー相互の活動にまで介入していないが、おそらく見習い、若手の人材が育っていく環境があったと思う。

番組制作チームは、伝統的に育成機能が働く仕組みができているからだ。現場は常にやるべき仕事が山積み。経験が必要な若手は徹底したＯＪＴ（On-the-Job Training）で鍛えられていく。

ロケに同行して雑用を片付けながら、先輩たちの仕事の流れを掴んでいく。徒弟制度と

までは いかないが、ＶＴＲを作る作業はもの作り職人のようでもある。先輩の技を目で盗んで覚えていくことも多い。

頃合いを見計らって短いＶＴＲを任せる。この任せるというのがこの世界のいいところだ。任せてもらえたものを作り上げると、評価は出来具合や、視聴率という結果で返ってくる。慣れないうちは、本来は自分が判断を伝えるべきカメラマンや編集スタッフにリードしてもらったりしながら経験を積んでいく。

やるべき仕事ならいくらでもあるわけで、成長の機会が有り余っている。力に応じてどんどん「打席」に立たせるのがテレビ流。凡打でもいいと送り出す。

そうしているうちに、主体的にチャレンジしていくマインドが鍛えられ、やがてクオリティー的にもしっかりと打ち返せるようになっていくのだ。

見習い、ＡＤの修業時代は、上司による選別期間でもある。順調にディレクターとしてクリエイティビティを発揮してくれるのか。それともこれは早めに方向転換をしてあげたほうがいいのかという判断をしなくてはいけない。

トレーニングによって向上する部分はあるのだが、向いていない人というのはどうしてもいる。音痴に歌のトレーニングをしても歌手にはなれないのと一緒だ。

そのかわり目配り気配りができるのであれば、プロデューサーの修業に転換したほうが見込みがある。この見極めは非常に重要だ。

実技重視の業界だからという側面はあると思うが、向き不向きを判断して、より力を発揮しやすい職種につかせるというのもテレビ制作の合理的なところだろう。

チームの信頼関係を左右するルール作り

チームにとってもっとも重要なのは信頼関係である。信頼関係は、お互いが約束を果たすことで育っていく。その信頼関係が簡単に壊れないように、チーム共通の約束事として定めるのが、いわゆるルールだ。

プロジェクトリーダーが中心となってルールを策定する機会があるかもしれないが、この「ルールは信頼関係を強めるためにあるもので、メンバーを萎縮させるためにあるわけではない」というのを十分理解した上で、必要なルールを作るといいと思う。

だから必要となるルールは、そのチームの性質やミッションによって異なるし、リーダーの考え方によっても変わるかもしれない。

私の場合は、時間厳守をもっとも重要なルールとしている。私が部下を叱責することがあるとすれば、打ち合わせで自分から「やる」と約束したことをやらなかったときか、時間厳守の約束を守らなかったときのどちらかだ。それに関しては徹底し、厳しく指導してきた。その分、自分も遅刻しないと心に決めてきた。

クリエイティブの世界にありがちな時間にルーズという特徴はテレビの世界にはない。いや、私以外のところではあるのかもしれないが、少なくとも私の周辺には断じてない。

時間ということで思い出すのは、『ザ・サンデー』だ。31歳のとき、初めて総合演出を任されたということもあるが、自分なりに工夫と努力を重ねたこと、特に時間の管理を厳しくしたことで印象深い年月となった。

なんとかして先行するライバルを逆転しようと、私は担当していた7年間すべてのVTRのチェックをやった。7~8分のVTRが毎週だいたい7本くらい。これを放送前日の夕方までに作り、チェックして、直すべきところを指示し、編集し直して翌日の放送に備える。

VTRを作るディレクター陣には、それぞれ「16時からチェック」「16時半からチェック」と30分刻みで締め切り時刻を伝え、スケジュールどおり順番にチェックできるように「制度設計」した。

ただ、７年の間にはいろいろなディレクターがいた。毎回時間どおりに、事前の打ち合わせと寸分違わない長さのＶＴＲに仕上げてくるディレクターがいた。そういう仕事ぶりの人は、中身もまさに打ち合わせどおりでよくまとまっていた。少し直したいなと思っても、尺がピッタリ合っていると、こちらも「まあ、いいか」となる。制作会社の若手ディレクターだった彼は今、その会社の社長になっている。

打ち合わせで「７分にします」と言っても、毎度のように「８分半になりました」と持ってくる人もいた。短く切れなくて……と言うが、チェックすると簡単に切れた。

締め切りの時間に持ってこなかったディレクターは、順番を一番最後にまで後回しにした。時間どおりに持ってきている人を待たせて、渋滞を引き起こすわけにはいかない。生放送で時間に遅れればそれは大事故を意味するのだということを強調した。

それくらいテレビ業界で時間に遅れるということは相手を不安にさせ、信頼を失墜させることなのだ。

報道局に長くいた年配の局員で、たっての希望で持ち込んだ企画があった。しかし、７分予定のところをなんと15分のＶＴＲにしてきた。「面白いから」と言うが、別に面白くもなんともない。

「徳光（和夫）さんがしゃべる時間を削るつもりですか」。さすがにムッとして、そう言ったのを覚えている。記者として長いこと自由な活動をしていた彼には、2時間のワイドショーだから、それくらいいいだろうという認識があったのだろう。

ただ、確かに徳光さんはおしゃべりが長すぎるというのはあった。ゲストコメンテーターの発言を丁寧に受けて、立てようという意図だったり、視聴者へ問題をわかりやすく説明しようとしたりで、気持ちはわかるのだが、生放送の進行を管理しているこちらとしては気が気でない。

ある日、やはり徳光さんのおしゃべりが長すぎたので、CM中に、

「徳光さん、このままだとジャイアンツコーナーはカットですよ！」と言った。さらに、

「今日は長嶋監督のいいシーンがありますよ」と言うと困った顔の徳光さん。

それ以後は、ゲストのコメントを受けても、

「なるほど。では次です」と、そこは何か言ってくれたほうがいいのに、突如スピードアップして、その後は猛然とすっ飛ばすようになってしまった（笑）。

「時間厳守」から少々脱線気味になってしまったが、信頼を築くためにどんなルールが必

要か、それを考えることが大切だとここでは伝えたかったのだ。

一点突破の戦略ならストレスも減る

いくつかの不幸な出来事を経て、日本の職場では「働き方改革」が言われるようになった。テレビ制作の現場も例外ではない。

それこそ昔は、いつ寝て、いつ起きたのか判然としない働き方をしていたなんてこともあったテレビの世界も、今はすっかり様変わりしている。

もちろん、鮮度の高い情報を届けるのがテレビの価値であるから、放送に間に合わせるために徹夜でVTRの編集をしたり、チェックをしたりというのは今もある。ただそれは2週に1回とか、そういうレベルのことだ。

時間的なプレッシャーで追い込むことも追い込まれることも少なくなっているし、罵声を浴びせるようなこともほとんどない。

では、それによって番組の質が低下しているとか、労働生産性が落ちているとか、何か悪いことが起きているかというと、そういうこともない。

精神的な負担を減らして、働きやすくすることは利点こそあれ、何も弊害はないのだ。『ヒルナンデス！』では、私自身もある程度軌道に乗ってからはゆったり働くことができた。日々の打ち合わせは多かったが、それでもオンエアを楽しむ感覚があったから、精神的な余裕があったと言える。楽しい気持ちで仕事をするのは本当に重要なことだ。

それがなぜ可能だったかと言えば、明確なミッションにまっすぐ取り組み、絞り込んだ戦略で不安を取り除き、状況をコントロール下に入れていたからと言えるだろう。

いろいろと疲れることは多かったし、苦労はあった。でも「苦悩」はなかった。

それは一点突破の戦略により、迷いなく攻め込めたからにほかならない。

会議は「決める」ためだけにやる

クリエイティブの現場には会議が不可欠だ。その理由は、それぞれが脳内で生み出す企画に対して、方向性を正しく共有していないと、まったく無駄な努力をすることになるからだ。設計図面がない以上、言葉で概念を共有するしかない。

ただし、それは極力短時間で済ませるのが望ましい。もっとも時間をかけるべきなのは、各自がプランニングすることだからだ。会議によって強制的に集合をかけることは、優秀なクリエーターの時間を奪うことだとリーダーが強く認識しなければならない。

私が注意していることは、会議においても時間厳守だ。開始時刻前には全員着席し、定刻に議題を開始する。ムダ話する時間はその前に2分もあればいい。

企画提案は、Ａ４の用紙１枚にまとめたい。主要項目以外は「など」でいい。それくらいにまとめられない企画は、戦略がまとまっていないと言われても反論できないだろう。

自分が作ってきた資料を配付するのはいい。しかし、発表時にその資料をすべて朗読しようとする人には、すぐにストップをかける。私の会議では資料の朗読は厳禁。各自が必要と思う項目を黙読すれば十分だ。

さて、ここからはリーダー論とも関係する。

リーダーにはさまざまな役割がある。本書ではミッション達成に導くことがプロジェクトリーダーのなすべきこととしているので、それが唯一無二の役割である。ただし、それを実現するために、どのようなタイプのリーダーであるかは、その人のキャラクターもあり、さまざまだと思う。

日本では集団を束ねる人ならなんでも「リーダー」と呼ぶが、原語では文字どおり「先頭に立って後続を引っ張る人」。牽引役ということにあろう。道なき道を切り開いて、あとから来る人に道を作るというのが、原語の「リーダー」だ。しかし、ほかにもリーダーの形はいろいろある。

「マネージャー」は、やりくり調整をして、なんとかしてくれる人。「モチベーター」は、メンバーを勇気づけて、やる気にさせる人。「ディレクター」は、進むべき道を指し示す人。「コマンダー」は、数ある選択肢から状況判断をして決める人……。カタカナになった「リーダー」は、それらのすべての要素が求められるのかもしれない。

私は「コマンダー」の役割がリーダーにとって非常に重要だと思っている。任せられることについては、積極的に配下のグループリーダーに権限を委譲する。そのグループリーダーでは決められない重要なことについては提示された選択肢を吟味し、決断を下す。「こっちがいい」と決めて、どんどん周りを動かしていく。

早く決めれば、早く仕事にかかれるし、早く間違いに気づき、早くやり直すことができる。迷うことで機会を逸しているという感覚を持ち、どんどん積極的に決めていくことをよしとする。早く多く決めることで、決める能力が鍛えられていく。

決めるには根拠が必要だ。もしも根拠が不足していれば、根拠を後から追加することを決めてひとまず指示を出せばいい。決められるリーダーが、チームを成功に導く。

〈ヒルナンデス戦記⑧〉小さな勝利から大勝利へ。ついにミッション達成！

F2の勢力地図が完全に『いいとも』から『ヒルナンデス！』へと変わり、『いいとも』に集中していたCM人気が、雪崩を打ったように『ヒルナンデス！』に移った2012年10月。ここから先は、「ヒルナンデス戦記」の最終章と言っていい。

『ヒルナンデス！』はすでに安定軌道に乗っており、自分たちらしく伸び伸びと楽しい番組を作っていけばいい。特別なことは必要ない。

一方、『いいとも』の方は「兵糧攻め」が効いているのか、傍から見ても迷走しているようだった。

『いいとも』の新レギュラーとして、武井壮さん、伊藤修子さん、栗原類さんが加わった。もちろん「F1・F2奪還」のために、厳選されたメンバーであろう。しかし、失礼な言い方になってしまうかもしれないが、個性的で「旬」なタレントを使って、手っ取り早く視聴率を稼ごうという人選に感じた。

年が明けて2013年1月14日月曜日、成人の日は『ヒルナンデス!』にとって記念すべき日になった。大雪という条件にも恵まれたのだが、過去最高視聴率となる10%台を記録したのだ。2年前、あの低視聴率で始まった『ヒルナンデス!』がついに2桁を取れる番組になった。淡々と毎日歩いてきたが、ふと後ろを振り返れば、ずいぶんと高いところまで登ってきたのだと気づいた。

4月、改編期を迎えて『いいとも』がまた動きを見せる。さらに内容を『ヒルナンデス!』に寄せて、F1・F2にウケる情報を盛り込もうという方向性だった。新しくできたコーナーは、「生活激変便利グッズ」「かんたんダイエット」「大ヒット商品開発裏話」「最新ワードクイズ」「イケメンオネエ」といったもの。またまた瞬発力のありそうな企画ばかり。こちらとしては何も慌てることはないな……と思ったのだが、実際はそうではなかった。『いいとも』が「F2奪還」を掲げて1年近くになる。この改編期に向けてしっかり準備してきた様子で、実際にある程度の数のF2層が『いいとも』に流れているのがデータに表れた。

『いいとも』の情報性路線は、フジテレビ上層部からの指示によるものらしい——そんな噂が聞こえてきた。昼の看板番組『いいとも』が倒されるというのは、フジにとってはどうしても避けなければならないことなのだろう。

このままF２で盛り返されていくと、断ち切ったはずの「補給路」が再び復活し、「籠城」している『いいとも』が再び活気づいてしまう。『ヒルナンデス！』側としては、そうならないように、相手の新コーナーを研究し、ザッピング負けしないように対策したが、これはまだまだ長期戦を覚悟しなければならないと思った。

＊

しかし、事態はフジテレビ上層部が考えていたとおりに進まなかった。しつこく「情報性路線」が強調される事態に、MCのタモリさんが不服を示した。

７月のある日、オープニングとテレフォンショッキングのあと、タモリさんが画面から消えたのだ。それはその日だけでなく、しばらく続いた。

週刊誌などで「タモリの乱」と報じられた記事などによると、スタッフの方針に異を唱えてのことだったようである。そんなにF１・F２や情報性が大事なら、自分は必要ないのではないか、と。

この一件が契機となり、フジテレビ上層部からの「なにがなんでも情報性」という指示は手のひらを返すように取りやめとなったようだ。逆に、「情報性に頼らないバラエティ系の企画を考えよ」といった内容の指示に変わったという。指揮命令系がブレているのは明らかだった。

2013年8月、『ヒルナンデス！』は相変わらず「仲良く楽しく平常運転」路線で進む。夏のイベントで売り出された「曜日対抗かき氷」が大好評で、なんと連日1時間待ち。トータルで2万人以上のお客さんを集めた。今や『ヒルナンデス！』は、日テレになくてはならない存在になりつつあると実感できた。

私が注目していたのは、10月の改編を前にしたCM売上の状況だ。営業局からの情報によると、『ヒルナンデス！』が『いいとも』に圧勝しているという。「兵糧攻め」が再び苛烈になり、ミッション達成はそう遠くないと確信した。

あとは持久力の問題か。引導を渡した形になったのは、くしくも私たちが「どうでもいい」と捨てたはずの世帯視聴率だった。すでにF1・F2の視聴率シェアトップは不動のものとしているが、3層を捨てている『ヒルナンデス！』は必ずしも世帯視聴率が良かったわけではない。それでも2013年の9月に月間平均世帯視聴率で『いいとも』を抜いた。これが月間平均での初勝利。しかも『ひるおび！』『ワイド！スクランブル』にも勝ち、

２年６カ月目にして、初の月間平均同時間帯トップになった。

ＣＭ売上という「実」の部分でも、世帯視聴率という「名」の部分でも、『いいとも』を超えることができたのだった。

＊

そしてついにその日がやってきた。２０１３年10月22日、火曜日。『いいとも！』の生放送中に、本来、木曜レギュラーで出番がないはずの笑福亭鶴瓶さんが突如登場し、「『いいとも』終わるってホンマ?」と尋ねた。するとタモリさんが、翌２０１４年３月いっぱいで放送終了となることをサラリと発表した。

「『いいとも』を倒せ」というミッションを受けたのは３年前だ。無謀な戦いと言われながらも、戦略を絞り込み、ほかを捨ててでも「Ｆ１・Ｆ２をゲットせよ」という方針にこだわった。そこに小さな穴を開けて巨大なガリバーを倒した。今ここに使命を達成したのだった。

私だけの手柄だなどというつもりは毛頭ない。チームが同じ方向を向き、それぞれが自分の仕事をきっちりやり続けた結果、ついに達成した快挙だった——。

しかし、さすがは『いいとも』だ。私たちは勝利の余韻に浸ることも、去りゆく『いいとも』に惜別の念を持つことも一切なかった。なぜなら、転んでもただでは起きない『いいとも』の「閉店謝恩セール」に手を焼くことになったからだ。グランドフィナーレに向けて、ビッグスターたちが相次いで出演し、31年半という途方もなく長い歴史を綴った国民的超長寿番組『森田一義アワー　笑っていいとも！』との別れを惜しんだ。その間、『ヒルナンデス！』は影が薄く、視聴率的にも悔しい思いを数多くした。本当に、さすがは『いいとも』。私たちが3年という歳月をかけて倒した強大なライバル。私には敬意しかない。

2014年3月31日、『いいとも』の終了に合わせて、私も総合演出を後輩に任せて『ヒルナンデス！』を「卒業」した。

準備期間を含めて3年9カ月。長かったようでも短かったようでもある戦いの日々が終わった。ミッションを完遂し、軽いバーンアウト状態だったことを思い出す。

ほどなくして、26年間の長きにわたり世話になった日本テレビを退社し、独立開業して現在に至っている。

学生時代から大好きだった『いいとも』と戦った日々のおかげで、人生の次のステップへと進む決心がついたともいえる。

エピローグ　９割捨てればビジネスが一気に強くなる

とある「ご当地グルメ」が全国区になれない理由

２０１４年に日テレから独立した私は、現在自分の会社を立ち上げ、映像コンテンツ制作に関わりながら、これまでのテレビ番組制作の経験を生かして、主に「集客」に焦点を当てたコンサルティングを行っている。全国の企業・団体に向けて、自分たちの持っているコンテンツを「面白そう！」と思ってもらうためのお手伝いをしていると言ってもいい。

本書の最後にあたり、日本各地へ出向いたときに実際に遭遇した事例をもとに、「この部分は捨てて、ここで一点突破したら、もっとうまくいくのではないか」と私なりに感じたことを、（余計なお世話ながら）紹介したいと思う。

まずは私の故郷・神奈川県小田原市で、町おこしグルメ商品として開発された「小田原どん」についてだ。

小田原どんとはどのようなものなのかをまずは簡単に説明させていただくと、「小田原どん」の定義は、次のとおりだ。

①小田原の海と大地で育まれた食材をひとつ以上用いること
②伝統工芸品・小田原漆器の器に盛って饗すること
③お客様に満足していただき、小田原がもっと好きになるように、おもてなしすること

現在21店舗が「小田原どん」の認定を受けて、「かまぼこカツ丼」「やまゆりポークの炙り豚丼」「鯵《あじ》なめろう丼」などオリジナリティ溢れるメニューを各店舗が販売している。ちなみに、使用する小田原漆器の単価は約5万円だそうだ。

しかし、だ。お世辞にも盛り上がっているとは言いがたい。全国的な知名度もいまひとつだ。何が問題なのだろうか。

正直なところ、つっこみどころが多いと感じるのだが、最大の問題点は、「『小田原どん』という統一ブランドで、〝ばらばらな内容〟の丼を売っていること」ではないか。

「深川丼」ならアサリの汁をかけたもの、「十勝豚丼」といえば豚肉を甘辛くしょう油で味付けをしたものをのせる、など明確なイメージがある。一方で、小田原どんを食べた人が「小田原どん美味しかったよ」と言っても、その中身はかまぼこなんだか、豚なんだか、鯵なんだか決まっていないというのはいかにもわかりにくい。

きっと考えた人は、市内のさまざまな飲食店が我も我もと名乗りをあげて、バラエティ豊かな小田原どんが登場して、にぎやかな感じになるというイメージだったのだろう。今の時代、「多様性」というコンセプトは悪くないと思うが、それを「小田原どん」という統一ネームでまとめる必要があったのか……。

いったい狙いは「統一感」なのか？　それとも「多様性」なのか？　どっちつかずでミッションがあいまいになっているように感じる。ミッションをはっきりさせて、不必要な要素は捨てる覚悟が必要ではないか。

次の問題は「5万円の器」だ。特産品として漆器をPRしたい気持ちはわかるが、食べる側としては「5万円？　へー、落としたら大変だ」くらいのものだろう。ごく稀に、「この器いいね、欲しい！」となるかもしれないが、「5万円です」と言われたら、「じゃあ結構です」で終わりではないだろうか。

器が欲しい人と、小田原どんを食べたい人はあまり一致しそうにないから、器のPRはまた別の機会に効果的な方法を考えたほうがいいと思う。

「どん」とひらがなにしているのは、おそらく器がお椀であり、丼ではないからという理由もあるのだろう。普通に「小田原丼」のほうがわかりやすいし、美味しそうな字面だ。

もし私だったら、ミッションはあくまでも「統一感を出して全市一丸となって小田原丼を売り出す」でいく。そのためには、さまざまなメニューがあるという多様性はスパッと捨てる。また、5万円の器をPRするという目的もスパッと捨てる。

そのうえで、一度『頂上決戦！　小田原丼』というグルメ・イベントをやってみてはどうだろうか。

イベントには、現在すでに小田原どんとして提供している飲食店、新たにチャレンジしたい飲食店にエントリーしてもらう。そして、イベント当日にたくさん販売したお店、あるいは支持者が多かったお店をその年の「統一チャンピオン」として、「唯一の小田原丼」の称号を与えるのだ。悲喜こもごもの頂上決戦イベントは、テレビも取り上げてくれる可能性が高い。そうすれば知名度が一気に上がる。

決定した小田原丼のレシピは、市内で販売を希望する飲食店で共有する。優勝したお店のメリットは、駅や道の駅などで販売する「小田原丼弁当」のライセンス料を得られる、としてはどうだろう。

翌年はまた次の「チャンピオン」をイベントで決めるのだ。この頂上決戦イベントが恒例化していけば、活性化としても、ＰＲとしても面白いのではないか。

地元、小田原の人にはぜひ参考にしてもらいたい。

「視点を変える」ことでインバウンドはもっと増える

どうすれば観光客を増やすことができるか。そんなテーマで地方自治体や観光協会から講演を依頼されることも多い。特に外国人観光客、いわゆる「インバウンド誘致」は各自治体が熱心に取り組むテーマだ。今や地方もグローバルな視点が必要な時代になっている。

日本の伝統文化を色濃く残す、とある有名観光地の観光協会に講演で呼ばれたときのことだ。その自治体では、多くの外国人観光客に来てもらおうと、さまざまな外国語に対応できるガイドを配置した観光案内所を、最寄り駅に設置したという。しかし、せっかく設置したにもかかわらず、実際にはあまり利用されないと嘆いていた。どういうことかと現地を歩いてみて、すぐに原因がわかった。

その観光案内所は、駅構内ではなく駅の外にあった。ただでさえ初めて訪れた観光客にはわかりづらい場所にあるうえに、駅構内や駅を出てぐるりと見渡しても、「観光案内所までの道案内」がひとつも見当たらない。これでは日本人・外国人に関係なく、観光案内所があることに誰も気づかない。せっかく外国人向けの観光案内所を設置するのだったら、駅構内の目につきやすいところに観光案内がどこにあるかという情報を、英語をはじめとする外国語で案内したいところだ。

これがまさに、「視点を変えられないことによる弊害」だ。外国人観光客に対応できる観光案内所を設置したことで満足せず、サービスを提供するのであれば、徹底的に顧客の視点に立ってすべてを検証する必要がある。初めて訪れた観光客の立場になって駅に降り立ってみれば、観光案内所にたどり着くのが容易ではないことに気づけるはずだからだ。

また、新たにインバウンド誘致に取り組むのであれば、ターゲットの絞り込みというのが非常に重要な戦略になる。

「外国人」と漠然ととらえていると、実際にやれることが絞り込めない。ここは思い切って「どこの国の人に来てもらうか」決めてしまうというのも手だと思う。

例えばタイ。今タイは、製造拠点として急成長を遂げていて、すでに多くの富裕層が海外旅行に出かけるようになっている。今後もますます増えるのは間違いない。

まずは、役所のホームページに、タイ語で「ぜひ来てください。大歓迎します」というメッセージを掲げる。そして、観光名所の案内もタイ語でバッチリ整えるのだ。

タイの人がたくさん使っているＳＮＳにＰＲの仕掛けを打つのもいい。

リアルのほうも抜かりなく用意しておかないといけない。まずは観光地や公共施設にタイ語の案内板をこまめに設置する。主要な駅や道の駅など交通の「玄関口」にはタイ語での対応が可能なガイドを配置する。

「日本で一番タイ人にやさしい地方の町」と評判にでもなれば、次々と観光客が来てくれるようになるだろう。タイだけではない。ベトナムやマレーシア、インドネシアといった国々は、これから観光客として来日する人が増えるだろう。そのうちのどこか一つの国に「あの町はウチの国に優しい」と思ってもらえれば、大きなアドバンテージである。外国人へのホスピタリティがしっかりしている観光地はまだまだ少ないので、そうやって誘致したい国を決め打ちするやり方がハマれば、トップランナーになるのも夢ではないはずだ。

おわりに——捨てることで「得られるもの」の大きさに気づく

勝つため、すなわちミッションを達成するためには、戦略を一点に絞り込み、それ以外は「9割」捨てる覚悟で、集中して攻め続けよ。そんなテーマで語ってきた。「捨てる」というのは意外と難しいことだ。どこまでも利益を追求するのがビジネスであり、すべてが欲しいというのが人情である。「捨てる」ことがチャンスを放棄することを意味するのであれば、ためらわれるのは無理もない。

しかし本書を通読すれば、「捨てる」ことが、二度と手に入らなくなることではないと理解してもらえたはずだ。『ヒルナンデス！』は、F3層とM3層は積極的に捨てた。そのせいで世帯視聴率も「捨てる」ことになった。しかし、世帯視聴率はあとになってから奪取することができた。惜しみながら捨てたものの中には、優先順位があとになっただけで、本当の意味では捨てていないものもあるということだ。

もちろん「決別」という意味で捨てるものもある。もし、大事なミッションと併存できないものがあれば、それは捨てるしかない。しかし、ミッションを深く理解することで、捨てることに抵抗は感じなくなるはずだ。

本書を通して、「面白さという尺度」の重要性も述べてきた。私が長年たずさわってきた「テレビ番組」における大切な価値が面白さであり、それが仕事をするうえでも尊ぶべきものだという考えに基づく。

この「面白さ」という言葉は、「機嫌よく生きる」、「ハッピーに暮らす」という価値観も含有する。面白さに焦点が当たっている限り、すべての仕事は「人間の幸福」に貢献しているというのが私の考え方だ。本書は、それを体系化する試みでもあった。

テレビマンの仕事のやり方の中にある普遍的なエッセンスが、皆さんの仕事でも活用できるようであれば望外の幸せである。

２０１９年９月

村上和彦

青春新書
INTELLIGENCE

こころ涌き立つ「知」の冒険

いまを生きる

"青春新書"は昭和三一年に──若い日に常にあなたの心の友として、その糧となり実になる多様な知恵が、生きる指標として勇気と力になり、すぐに役立つ──をモットーに創刊された。

そして昭和三八年、新しい時代の気運の中で、新書"プレイブックス"にその役目のバトンを渡した。「人生を自由自在に活動《プレイ》する」のキャッチコピーのもと──すべてのうっ積を吹きとばし、自由闊達な活動力を培養し、勇気と自信を生み出す最も楽しいシリーズ──となった。

いまや、私たちはバブル経済崩壊後の混沌とした価値観のただ中にいる。その価値観は常に未曾有の変貌を見せ、社会は少子高齢化し、地球規模の環境問題等は解決の兆しを見せない。私たちはあらゆる不安と懐疑に対峙している。

本シリーズ"青春新書インテリジェンス"はまさに、この時代の欲求によってプレイブックスから分化・刊行された。それは即ち、「心の中に自らの青春の輝きを失わない旺盛な知力、活力への欲求」に他ならない。応えるべきキャッチコピーは「こころ涌き立つ"知"の冒険」である。

予測のつかない時代にあって、一人ひとりの足元を照らし出すシリーズでありたいと願う。青春出版社は本年創業五〇周年を迎えた。これはひとえに長年に亘る多くの読者の熱いご支持の賜物である。社員一同深く感謝し、より一層世の中に希望と勇気の明るい光を放つ書籍を出版すべく、鋭意志すものである。

平成一七年　　刊行者　小澤源太郎

著者紹介

村上和彦〈むらかみ　かずひこ〉

1965年神奈川県生まれ。筑波大学卒業。日本テレビ放送網に入社し、スポーツ局に所属。ジャイアンツ担当、野球中継、箱根駅伝などを担当する。その後制作局に移り、『スッキリ!!』『ヒルナンデス!』『24時間テレビ』『三行広告探偵社』『中居正広のブラックバラエティ』など、ジャーナリスティックな番組から深夜帯のバラエティ番組まで幅広いジャンルで実績を上げ、年間バリュアブル賞を5回受賞。なかでも総合演出を務めた『ヒルナンデス!』では、『笑っていいとも!』を視聴率で追い込み、「いいとも!を倒した男」の異名をもつ。2014年7月、日本テレビを退社。(株)プラチナクリエイツを立ち上げ、TV演出、執筆活動のほか、企業や地方自治体に向けコンサルティング、講演会も行っている。

元《もと》・日本《にほん》テレビ敏腕《びんわん》プロデューサーが明《あ》かす
勝《か》つために9割捨《わりす》てる仕事術《しごとじゅつ》

青春新書
INTELLIGENCE

2019年10月15日　第1刷

著者　村《むら》上《かみ》　和《かず》彦《ひこ》

発行者　小澤源太郎

責任編集　株式会社プライム涌光

電話　編集部　03(3203)2850

発行所　東京都新宿区若松町12番1号　〒162-0056　株式会社青春出版社

電話　営業部　03(3207)1916　振替番号　00190-7-98602

印刷・中央精版印刷　製本・ナショナル製本

ISBN978-4-413-04580-3